W0275136

ALLE ZEIT WACH
1842

Hans-Walter Borries Herbert Pfaff-Schley (Hrsg.)

# Altlasten- bearbeitung

## Ausschreibungs- und Vergabepraxis

Mit 17 Abbildungen

Springer-Verlag
Berlin Heidelberg New York London Paris Tokyo
Hong Kong Barcelona Budapest

Dr. rer. nat. Hans-Walter Borries
Umweltplanungsbüro Dr. Borries, Wetter
Wolfgang-Reuter-Straße 18
D-58300 Wetter

Dipl.-Georg. Herbert Pfaff-Schley
Umweltinstitut Offenbach GmbH
Nordring 82 B
63067 Offenbach/Main

Die Deutsche Bibliothek – CIP-Einheitsaufnahme
Altlastenbearbeitung: Ausschreibungs- und Vergabpraxis / Hans-WalterBorries; Herbert Pfaff-Schley (Hrsg.). – Berlin; Heidelberg; New York; London; Paris; Tokyo; Hong Kong; Barcelona; Budapest: Springer, 1994
**ISBN-13: 978-3-540-57544-3** **e-ISBN-13: 978-3-642-78710-2**
**DOI: 10.1007/ 978-3-642-78710-2**
NE: Borries, Hans-Walter [Hrsg.]



Einbandgestaltung: E. Kirchner, Heidelberg
Satz: RTS, Wiesenbach
30/3130-5 4 3 2 1 0 – Gedruckt auf säurefreiem Papier

# Vorwort

Das Arbeitsfeld „Altlasten“ wird seit rund 10 Jahren bei Tagungs- und Fortbildungsträgern aufgegriffen, und nahezu jeden Monat berichten zahlreiche Veranstaltungen über aktuelle Forschungsergebnisse und Anwendungserfahrungen. Mit dem Kongreß „Ausschreibungs- und Vergabepraxis bei Leistungen im Rahmen der Altlastenbearbeitung“ jedoch wird ein bislang kaum beachteter Aspekt aufgegriffen und beleuchtet, der für die Altlastendiskussion immer größere Bedeutung gewinnt.

Erstmals wird die Thematik „Ausschreibungs- und Vergabepraxis“ über das Arbeitsfeld von Fachausschüssen und -arbeitskreisen einem großen Publikum präsentiert; dabei werden neueste Erkenntnisse, teilweise auch noch zu bearbeitende Konzepte/Ideen zur ersten Diskussion vorgestellt und die aktuelle Forschungsarbeit im Arbeitsgebiet Altlasten angesprochen.

Ein besonderes Verdienst der Tagung liegt darin, daß die Altlasten in ihrer Gesamtheit als Arbeitsfeld von der Erfassung über die Erstbewertung, Gefährdungsabschätzung bis hin zur Sanierung untersucht werden. Besondere Bedeutung nimmt dabei die Frage nach der Preis-/Leistungsfindung und dem Verhältnis zwischen Anbieter (potentieller Auftraggeber) und Nachfrager (potentieller Auftragnehmer) ein.

Das rege Interesse, das sich in der Zahl von mehr als 200 Teilnehmern sowie in diversen Anfragen von Medien und Presse dokumentiert, zeigt deutlich, daß der Bedarf zur eingehenden Behandlung dieser Thematik sehr groß ist.

In den letzten 10 Jahren haben umfangreiche Forschungsarbeiten, Publikationen, Leitfäden, Wegweiser und Handbücher von Umweltministerien der Länder und des UBA, sowie Messe- und Tagungs-/Kongreßunterlagen die Dynamik in diesem recht jungen Arbeitsfeld „Altlasten“ näher bestimmt.

Jeder von uns hat auf diversen Tagungen jeweils die neuesten Erkenntnisse mitgenommen, stieß aber dann bei seiner Alltagsarbeit mit der Umsetzung dieses Wissens auf seine „persönliche, individuelle“ Altlastenfragestellung auf einige Schwierigkeiten. So bleiben vergleichbare Kontrollen von unterschiedlichen Untersuchungsansätzen, für den Auftraggeber die Prüfung der Angebote wie auch für den Anbieter einer Leistung das maßgerechte Abfassen eines Angebots, das größte Problem.

Trotz oder gerade weil nur ca. 10 Jahre Erfahrungen im Altlastenbereich existieren, fehlen in den einzelnen Arbeitsgebieten Vergleichskriterien für die

Konzeption von Angeboten, für das Nachfragen von Leistungen und dementsprechend auch für die objektive Prüfung von Angeboten nach dem Preis-Leistungs-Prinzip.

So kann es nicht angehen, daß eine Preisspanne von bis zum 15fachen (1500 %!) für die gleiche Leistungsanfrage auf dem freien Markt auftritt, während sich in anderen Arbeitsgebieten des Umweltschutzes längst eine Spanne von 1,5–2,5 etabliert hat. Es spricht für sich, daß wenn diese „Preisbandbreiten" beibehalten werden, der an sich gesunde Wettbewerb zu einer übermäßigen Konfrontation (harter Verdrängungswettbewerb) zwischen den Anbietern führen wird, was letztendlich für alle Beteiligten nicht wünschenswert ist.

So müssen zur Erhaltung der „Qualität" von Leistungen ernsthafte Kriterien rasch definiert und in verbindliche Normen/Richtlinien umgesetzt werden, um zu verhindern, daß hochwertige Untersuchungsstandards im Zuge eines Preiswettbewerbs zugunsten eines reines Auftragsdenkens (unter Einsatz aller Mittel, Dumpingpreise und sog. Billigangebote) verdrängt werden.

Auch mit Blick auf die Internationalisierung der Märkte kann das Qualitätsprodukt „Made in Germany" – hier gültig für den Umweltbereich die Altlasten" – langfristig nur durch definierte Standards gehalten und ausgebaut werden.

Um dies durchzusetzen, ist der Weg noch lang; und er gestaltet sich um so schwieriger, als es sich hierbei um einen völlig neuen Denkansatz für den Umgang mit dem Arbeitsfeld Altlasten handelt.

Die Hilfe zur Problemlösung, lange Zeit nur als die Dienstleitung „Erfassung, Gefährdungsabschätzung und Sanierung mit Einsatz von Informationsquellen, Geräten und Techniken" verstanden, wird in Zukunft verstärkt zu einer neuen Form des „maßgeschneiderten Anbietens von Hilfestellung für den Umgang mit den Techniken" werden.

Neue Arbeitsleistungen, wie das Erarbeiten von Ausschreibungskriterien, z. B. für die Durchführung einer Erkundung oder für das optimierte Einholen und Vergleichen von Angeboten für eine kostengünstig und qualitativ hochwertige Gefährdungsabschätzung, werden in den Markt einfließen.

Die Altlastenthematik beginnt, sich damit von der eigentlichen Diskussion um die Notwendigkeit des Einsatzes von Untersuchungsmitteln und -techniken hin zur besseren Planung der Mittel zu verlagern. Dieser Vorgang, in anderen Arbeitsfeldern als typische Diskussion der 90er Jahre unter dem Stichwort „Qualitätssicherung und -steigerung" verwendet, strukturiert nunmehr auch die Altlasten als junges Arbeitsfeld.

Jedoch sind hier die Probleme des Definierens von Lösungswegen nicht nur unter dem Gesichtspunkt von Kosteneinsparungen schwieriger. Es fehlt bisher an grundlegenden Studien und öffentlichen Diskussionen.

Erste Lösungsansätze zur Behebung dieses Mangels deuten sich seit 3 Jahren in einigen Arbeitskreisen und Ausschüssen an.

Besondere Beachtung verdient hierbei das DFG-Forschungsvorhaben von Prof. C.J. Diederichs am Lehrstuhl für Bauwirtschaft an der Bergischen Universität GH Wuppertal (Deutsche Forschungsgemeinschaft, Projekt – Nr. Di 428/3–1). Vierteljährliche Expertengespräche (Workshops) und nicht zuletzt die vielversprechende Publikation über Arbeitshilfen zur Beauftragung von Planern, Gutachtern und Firmen mit der Sanierung von Altlasten (Diederichs u.

Rüller 1992) beschäftigen sich mit der Thematik. Die Öffnung der Inhalte dieser Arbeitskreisgespräche fü ein breites Fachpublikum und die Beachtung durch Medien und Presse ist ein Ziel dieser Veranstaltung. Es sollen dabei verstärkt auch die Arbeitsgebiete der Erfassung, die Erstbewertung und Gefährdungsabschätzung näher betrachtet werden.

Ebenfalls Gegenstand der Diskussion werden so wichtige Fragen wie die „angemessene“ Honorierung von Leistungen und die Anlehnung an Erfahrungen aus Nachbardisziplinen.

Es gilt, hierbei auch Punkte anzusprechen, die derzeit zu einer gewissen Umstrukturierung und Beeinflussung des Arbeitsfeldes Altlasten führen. Die Fragen der Öffnung des EG-Marktes wie auch die Anwendbarkeit der Natur- und Geisteswissenschaften in der Nachbarschaft (Konkurrenz) zu den Ingenieurwissenschaften sollen ebenfalls ein Thema der Diskussion sein.

Die Mischung der Referenten aus den unterschiedlichen Bereichen – Auftraggeber und Auftragnehmer, Öffentliche Bedienstete und Privatwirtschaft, Hochschulen/Forschungs-einrichtungen, mittelständische Betriebe und Großkonzerne mit weltweiten Ruf – spiegelt das große Interesse aller Beteiligten an einer zukunftsorientierten Lösung wider, die den Gesetzen der Marktwirtschaft auch in Zeiten der Rezession und der Umorientierung von Wertegefügen Rechnung trägt.

Wenn es gelingt, die Vorträge als einen Anreiz zur öffentlichen Diskussion zu verstehen, die eine kooperative interdisziplinäre Zuammenarbeit aller Fachdisziplinen und Gesprächspartner bewirkt, hat nicht nur die Tagung ihr eigentliches Ziel erreicht, sondern auch die alltägliche Altlastenarbeit dadurch gewonnen.

In diesem Zusammenhang spreche ich allen Referenten meinen Dank für den Vortrag und das Bereitstellen ihrer Fachvorträge aus. Damit wurde gezeigt, daß wir bereits auf wertvolle Arbeitshilfen zurückgreifen können.

Abschließend möchte ich meinen Dank für die gute Organisation von der Vorplanung und Ankündigung bis hin zur Konzeption und Durchführung der Tagung an das Umweltinstitut Offenbach als Veranstaltungsträger aussprechen. Es gehört sicherlich mehr als nur unternehmerischer Mut, gewiß auch Weitblick dazu, ein völlig neues Kongreßthema zu auf die Tagesordnung zu setzen in einer Zeit, in der Seminare und Fachkongresse zu anderen Themenfeldern der Altlastendiskussion mangels Interessentenmeldungen abgesagt werden müssen.

Zu wünschen ist, daß der Erfolg dieser Veranstaltung zu einer kontinuierliche Fortsetzung der Diskussion dieses Themas führt und wir uns auch Ende 1994 – mit neuen Erkenntnissen zu dem aktuellen Forschungsbereich, vielleicht auch mit ersten Umsetzungen und Anwendungen – wieder versammeln könnten.

Kritik an Aussagen und Vortragsinhalten wie auch das Lob über das Ansprechen schwieriger Punkte würden nachaltig den Wert einer weiteren Veranstaltung bestimmen.

Alle am Arbeitsfeld Altlasten Interessierten seien herzlich gebeten, dann ihre Erfahrungen einzubringen.

Offenbach, im Februar 1994

*Hans-Walter Borries*
*Herbert Pfaff-Schley*

# Inhalt

# Autorenverzeichnis

*Bayerl, Erich, Dipl.-Ing.*
Bundesministerium für Raumordnung,
Bauwesen und Städtebau,
Postfach 20 50 01, 53170 Bonn

*Borries, Hans-Walter, Dr.*
*Umweltplanungsbüro Dr. Borries, Wetter*
*Wolfgang-Reuter-Str. 18, 58300 Wetter*

*Breitenborn, Lothar, Dipl.-Ing.*
Bergische Universität, Gesamthochschule Wuppertal,
Fachbereich 11, Lehrstuhl für Bauwirtschaft,
Pauluskirchstr. 7, 42285 Wuppertal

*Dannemann, Horst, Dipl.-Ing.*
Erdbau-Laboratorium Ahlenberg,
Am Ossenbrink 40, 58313 Herdecke

*Fortmann, Jürgen, Dr.*
*Ruhrkohle Umwelttechnik,*
*Gleiwitzer Platz 3, 46236 Bottrop*

*Haas, Dietmar, Dr.*
Gesellschaft für Umwelt- und Geoservice,
GEO-Infometric,
Richterhofenstr. 29, 31137 Hildesheim

*Knopp, Lothar, Prof. Dr.*
Römerstr. 71, 69115 Heidelberg

*Koch, Peter, Dipl.-Ing.*
Umweltamt der Stadt Herne,
Postfach 10 18 20, 44219 Herne

*Mansel-Rudolph, Gerald*
Erdbau-Laboratorium Ahlenberg,
Am Ossenbrink 40, 58313 Herdecke

*Niclauß, Manfred*
Lauterweg 47, 45219 Essen

*Popp, Horst*
IAGB Industrieanlagenbetriebsgesellschaft mbH,
Einsteinstr. 20, 85521 Ottobrunn

*Rüller, Gerhard*
Bohlenstr. 12, 59394 Nordkirchen

*Schwarz, Rüdiger, Dr.*
Gesellschaft für Geologie,
Hydrologie und Umweltfragen, GEO-Consult,
Rotkamp 6, 13053 Berlin

*Spang, Raymund M., Dr.*
GEOPLAN, Ingenieurgesellschaft für Bauwesen,
Geologie und Umwelttechnik mbH,
Westfalenstr. 5–9, 58455 Witten

*Spanier, Joachim, Dipl.-Ing.*
HPC Harress Pickel Consult GmbH,
Marktplatz 1, 86655 Harburg

*Stockhorst, Siegfried*
Auftragsberatungsstelle Hessen,
Adelheidstr. 23, 65185 Wiesbaden

*Weth, Dieter, Dr. Ing.*
Prof. Dr. Mull und Partner,
Osterriede 5, 30827 Garbsen

*Willershausen, Karl-Heinz, Dipl.-Ing.*
Regierungspräsidium Düsseldorf, Dezernat 52,
Postfach 30 08 65, 40408 Düsseldorf

*Zezschwitz, Gerhard von, Dipl.-Geol.*
GEOPLAN, Ingenieurgesellschaft für Bauwesen,
Geologie und Umwelttechnik mbH,
Westfalenstr. 5–9, 58455 Witten

# Kommunale Verantwortlichkeit und Haftung bei der Überplanung von „Altlasten" unter Berücksichtigung der möglichen Haftung des Auftragnehmers bei der Vergabe von Standortgutachten und Sanierungsmaßnahmen

Lothar Knopp

## 1. Ausgangspunkt Bundesgerichtshof/BGH-Rechtsprechung

Kommunale Verantwortlichkeit bei der Überplanung sog. „Altlasten" ergibt sich nicht bereits expressis verbis aus irgendwelchen Umweltgesetzen, sondern der hiermit verbundene Fragengkomplex wurde erstmalig durch 3 Urteile des Bundesgerichtshofs erschlossen.[1] Danach kann die Überplanung von „Altlasten" unter bestimmten Voraussetzungen aus dem Gesichtspunkt der Amtshaftung (§ 839 BGB i.V.m. Art. 34 GG) Schadenersatzansprüche betroffener Dritter auslösen.

Im einzelnen handelt es sich um die vom BGH behandelten Fälle

- Bielefeld", Urteil vom 26.1.1989,[2]
- Osnabrück", Urteil vom 6.7.1989,[3]
- „Dortmund-Dorstfeld", Urteil vom 21.12.1989.[4]

In den beiden Fällen „Bielefeld" und „Osnabrück" waren ehemalige Mülldeponien, im Fall „Dortmund-Dorstfeld" ein ehemaliges Zechen- und Industriegelände durch Bebauungsplan als Wohngebiet ausgewiesen worden. Später wurde dann festgestellt, daß in allen 3 Plangebieten die Böden mit gesundheitsgefährdenden Schadstoffen belastet waren, die aus der ehemaligen Nutzung des jeweiligen Geländes stammten. Diese Feststellungen wurden in Bielefeld und Dortmund-Dorstfeld getroffen, nachdem die dortigen Plangebiete parzelliert und mit Wohnhäusern bebaut worden waren; in Osnabrück war dagegen noch nicht mit der Bebauung begonnen worden. Die plangebenden Gemeinden wurden auf Schadenersatz verklagt, und zwar in den Fällen „Bielefeld" und „Dortmund-Dorstfeld" von einzelnen Bauherren, die im Plangebiet Grundstücke erworben und bebaut hatten und im wesentlichen geltend machten, daß die errichteten Wohnhäuser unbewohnbar und wertlos seien, im Fall „Osnabrück" klagte die Bauträgergesellschaft, die das erworbene Gelände jetzt nicht mehr wie vorgesehen (Wohnbebauung) bebauen konnte.

Die Rechtsprechung zu derartigen Amtshaftungsklagen im Zusammenhang mit „Altlasten" wurde durch weitere Urteile des BGH inzwischen in teilweise modifizierter Form fortgesetzt.[5]

Im folgenden möchte ich die Kernaussagen dieser Urteile wiedergeben, an denen sich heute Kommunen in „heiklen" Planbereichen bei der Aufstellung/Beschließung von Bebauungsplänen und der Erteilung von Baugenehmigungen zu orientieren haben.

## 2. Altlastenbegriff des BGH

Eine bundeseinheitliche Bestimmung dieses schillernden Begriffs gibt es immer noch nicht, wenngleich die meisten Bundesländer in ihren Landesabfallgesetzen sich ähnelnde Altlastenbegriffe mit teilweise mehr oder minder ausführlichen Regelungen verankert haben.[6] Den BGH haben diese Probleme nicht gestört. Er geht von einem „eigenen“ Begriff bei „Altlastenflächen“ insoweit aus, als er darunter solche Grundstücke versteht, die durch eine frühere industrielle oder gewerbliche Nutzung kontaminiert sind oder auf denen früher Müll oder sonstige Abfälle gelagert wurden und die jetzt zu anderen Zwecken genutzt werden oder werden sollen.[7]

## 3. Grundsätzliche Eigentümerverantwortlichkeit

Wird eine „Altlast“ entdeckt, haftet nach den einschlägigen polizeirechtlichen Bestimmungen, die durch die meisten Landesabfallgesetze inzwischen konkretisiert bzw. auch modifiziert worden sind, nicht selten der Grundstückseigentümer für kostenaufwendige verwaltungsbehördliche Untersuchungs- und Sanierungsmaßnah-men, die ihn zugleich in seiner wirtschaftlichen Existenz „erschüttern“ können.[8] Dabei kommt es nicht darauf an, ob der Grundstückseigentümer die „Altlast“ verursacht oder verschuldet hat (das Problem, daß er im Falle einer Verursachung zugleich „Handlungsstörer“ wäre, wird hier nicht behandelt).

Allein seine grundbuchmäßig verankerte Eigentümerstellung berechtigt die Verwaltungsbehörde, ihn kostenpflichtig zu den oben angesprochenen Maßnahmen heranzuziehen. Der hier seitens des BGH[9] aufgestellte Grundsatz geht dahin, daß der Eigentümer eines kontaminierten Grundstücks das wirtschaftliche Risiko der Nutzung von Grund und Boden grundsätzlich selbst tragen muß. Es liegt bei ihm, ob er sich ausreichend im Rahmen des Grundstückserwerbs beim Veräußerer bzw. Voreigentümer durch eine entsprechende Gewährleistungsklausel im Kaufvertrag „abgesichert“ hat, um zur Not Regreß beim Voreigentümer/Veräußerer nehmen zu können.[10]

Ist der mit Kosten der Untersuchung und Sanierung belastete Grundstückseigentümer der Auffassung, daß die zuständige Gemeinde das betreffende Grundstück nicht hätte durch Bebauungsplan oder durch Erteilung einer Baugenehmigung zur baulichen Nutzung zulassen dürfen, kann er unter engen Voraussetzungen die Gemeinde aus dem Gesichtspunkt der Amtshaftung auf Schadenersatz verklagen.

## 4. Amtspflichtverletzung (Bebauungsplan)

### a) Drittbezogenheit der Amtspflicht

Beschließt die Gemeinde einen Bebauungsplan, sollen in ihm Flächen, deren Böden erheblich mit umweltgefährdenden Stoffen belastet sind, gekennzeichnet werden (§ 9 Abs. 5 Nr. 3 BauGB).

Eine Verletzung dieser Kennzeichnungspflicht berührt zwar die Wirksamkeit dieses Bebauungsplans nicht, sie kann jedoch auf einen Fehler in der gemeindlichen Abwägung hindeuten, wenn sich die Gemeinde nicht hinreichend Gedanken darüber gemacht hat, ob und wie bestimmte Beeinträchtigungen planerisch bewältigt werden sollen.[11]

Die Amtspflicht muß, bevor deren Verletzung geprüft werden kann, mindest auch drittschützenden Charakter haben, d.h. das verletzte Interesse des Geschädigten, der im Wege der Amtshaftungsklage Schadensersatz begehrt, muß vom Schutzzweck der Amtspflicht erfaßt sein.

Der BHG hat seit dem Fall „Bielefeld", seinem ersten Urteil zur Überplanung von „Altlasten", einem Bebauungsplan im Zusammenhang mit „Altlasten" drittschützenden Charakter zugemessen, soweit es um Gefahren für die Rechtsgüter Leben und Gesundheit – Rechtsgüter von überragender Bedeutung – geht, die von der „Altlast" hervorgerufen werden.[12]

### b) Geschützter Personenkreis

Bei der Aufstellung von Bauleitplänen ist die Gemeinde u.a. insbesondere verpflichtet, allgemeinen Anforderungen an gesunde Wohn- und Arbeitsverhältnisse und der Sicherheit der Wohn- und Arbeitsbevölkerung Rechnung zu tragen (§ 1 Abs. 5 Ziff. 1 BauGB).

Die Einhaltung dieser Verpflichtung dient nicht nur dem Schutz der Allgemeinheit, sondern aus der besonderen Bedeutung der Rechtsgüter Leben und Gesundheit ergibt sich zugleich der Kreis der schützenswerten „Dritten"; hierzu gehören nach der geltenden BGH-Rechtsprechung:[13]

- *Grundstückseigentümer:* Sie haben im beplanten Altlastengebiet selbst gebaut oder eine Wohnung erworben und wohnen dort und sind einer unmittelbaren eigenen Gefährdung von Leben oder Gesundheit durch die „Altlast" ausgesetzt.
- *Bauträgergesellschaft:* hat das erworbene „Altlasten"-Gelände mit Wohnhäusern bebaut oder wollte es bebauen, um diese nach Teilung weiter zu veräußern. Sie haftet in beiden Fällen ihren Käufern dafür, daß ihnen aus der Beschaffenheit von Grund und Boden keine Gefahren für Leben und Gesundheit drohen.
- *Gewerbetreibende:* Sie haben in dem „Altlasten"-Gebiet gewerbliche Bauten errichtet oder errichten wollen. § 1 Abs. 5 Ziff. 1 BauGB gewährleistet gerade auch die Sicherheit der Arbeitsbevölkerung, also der Arbeitgeber und der Arbeitnehmer. Der BGH hier: Das Schutzbedürfnis eines Arbeitgebers, der gegenüber seinem Arbeitnehmer für die Abwehr von Gesundheitsgefah-

ren verantwortlich ist, ist „eher noch größer" als dasjenige eines Wohnungsbauunternehmens.

- *Nacherwerber/Mieter und Pächter:* [14] Bisher vom BGH noch nicht entschieden. Für ihre Einbeziehung in den Kreis der geschützten „Dritten" und damit potentieller Anspruchsteller im Falle einer Amtshaftungsklage spricht, daß unabhängig von der Differenzierung in „Ersterwerber", Nacherwerber und obligatorische Nutzungsberechtigte wie Mieter, Pächtern der Bebauungsplan die Funktion hat, als alleinige „Verläßlichkeitsgrundlage" für finanzielle Dispositionen des Bürgers im Plangebiet zu dienen. Hieran knüpft die entsprechende Amtspflicht an, die dem Planungsträger gegenüber dem Bürger obliegt. Die planerische Ausweisung eines Geländes ist „objektbezogen" und nicht „personenbezogen". Der als Satzung zu beschließende Bebauungsplan (§ 10 BauGB) wirkt mit seinen Festsetzungen unmittelbar gegenüber dem jeweiligen Eigentümer und deren Rechtsnachfolger.Hat der Geschädigte jedenfalls auf die Geltung des Bebauungsplans vertraut, unterfällt er dem Kreis der geschützten Dritten.

### c) Nicht geschützter Personenkreis

Hierzu gehören diejenigen, bei denen eine Gefährdung von Leben und Gesundheit durch die überplante „Altlast" nicht gegeben ist:[15]

- Personen, die bei Erlaß des Bebauungsplans ihr Grundstück bereits bebaut hatten und die eine weitere Bebauung nicht beabsichtigen.Hier kann der Bebauungsplan keine Verläßlichkeitsgrundlage im oben beschriebenen Sinne mehr sein.
- Eigentümer, die von Anfang an auf die Bebauung des belastenden Geländes verzichtet haben und es auch nicht zur Bebauung weiterveräußern wollen.
- Nachbargrundstücke sind schadstoffbelastet und es geht keine Gefährdung von Leben oder Gesundheit von dieser Schadstoffbelastung bei Nutzung des „eigenen" Grundstücks aus.
  Anders ist es selbstverständlich, wenn durch die Schadstoffbelastung in der Nachbarschaft eine solche Gefährdung gegeben ist!
- Grundstückseigentümer, der positive Kenntnis von der Schadstoffbelastung seines Grundstücks hat und dennoch Grundstücksgeschäfte mit Ersterwerbern tätigt. Hier fehlt es an der Schutzwürdigkeit des Vertrauens in die Richtigkeit der Festsetzungen des Bebauungsplans.

### d) Ursachenzusammenhang

Stets muß, so der BGH[16], eine unmittelbare Beziehung zwischen dem geltendgemachten Schaden und der auf Abwehr von Gesundheitsgefahren gerichteten Amtspflicht bestehen. Dies ist immer dann der Fall, wenn die betroffenen Grundstücke selbst mit Schadstoffen belastet sind und die vom Boden ausgehenden Gefahren zum völligen Ausschluß der Nutzungsmöglichkeiten der errichteten oder noch zu errichtenden Häuser oder Wohnungen führen.[17] Benachteiligt sind damit alle diejenigen, bei denen eine Sanierung des Gebietes bis zur Beseitigung der Gesundheitsgefahren in Betracht kommt und bei denen die Gesundheitsgefahren durch sachgemäße Auflagen in den einzelnen Baugenehmigungen abgewehrt werden können. Ist die „Altlast" durch eine erfolgreiche Sanierung beseitigt worden und damit die Nutzungsmöglichkeit des Grundstücks wieder plangemäß gegeben, können die Kosten für diese Sanierung nicht mehr im Wege der Amtshaftungsklage geltend gemacht werden, da die Gesundheitsgefährdung durch die Bodenbelastung und eine Unbewohnbarkeit nicht mehr besteht.

### e) Kein Schutz reiner Vermögensinteressen

Hierher gehört z.B. der „Minderwert" eines mit Schadstoffen belasteten Grundstücks im Verhältnis zu einem unbelasteten Grundstück mit höherem Marktwert. Dieser bloße Minderwert ist nicht erstattungsfähig, da es an der unmittelbaren Beziehung zwischen Gesundheitsgefährdung und Schaden fehlt.[18]

Auch Kreditgeber von Bauträgern oder Bauherren verfolgen in der Regel reine Vermögensinteressen, wenn das schadstoffbelastete Grundstück als Kreditsicherheit dient. Ihre Interessen sind ebenfalls nicht schutzwürdig.

### f) Schadenersatz

Die plangebende Gemeinde haftet dem Geschädigten dagegen auch für einen ihm aus der Amtspflichtverletzung entstehenden („echten") Vermögensschaden. Zu ersetzen ist laut BGH[19] das sog. negative Interesse, d.h. z.B. die fehlgeschlagenen Aufwendungen für den Grundstückserwerb, wozu Kosten für die Ersteigerung im Zwangsversteigerungsverfahren und auch Kosten für den zuvorigen Kauf einer belastenden Grundschuld gehören können.[19a]

## 5. Gemeindliche Prüf- und Sicherungspflicht

Die plangebende Gemeinde ist verpflichtet, bei Aufstellung des Bebauungsplans zu prüfen, ob dieser das Gebot des § 1 Abs. 5 Ziff. 1 BauGB – gesunde Wohn- und Arbeitsverhältnisse im Plangebiet zu sichern – erfüllen kann.[20] Bestehen zum Planungszeitpunkt hinreichende Verdachtsmomente, daß aufgrund bestimmter Nutzung des Plangebiets in der Vergangenheit „Altlasten" vorhanden sind, so hat die Gemeinde z.B. durch Vergabe eines Standortgutachtens (s. hierzu unter 9.) Aufklärung zu schaffen.[21] Die Verdachtsmomente richten sich dabei im übrigen nach den der Gemeinde zur Verfügung stehenden Erkenntnisquellen zum Planungszeitpunkt. Durch geeignete organisatorische Maßnahmen muß die Gemeinde darüber hinaus sicherstellen, daß ihre Kenntnis auch an diejenigen gelangt, die als Amtsträger mit der Aufstellung des Bebauungsplans befaßt sind.[22]

## 6. Amtspflichtverletzung (Baugenehmigung)

Die zur Amtspflichtverletzung bei der Aufstellung von Bebauungsplänen gemachten Ausführungen gelten ebenso für die (rechtswidrige) Erteilung von Baugenehmigungen, insbesondere in unbeplanten Gebieten, trotz vorhandener „Altlast", von der Gefahren für Leben und Gesundheit ausgehen. Die zuständige Behörde haftet hier für Vermögensschäden, die unmittelbar mit der ausgeschlossenen Nutzung des Bauwerks wegen der angesprochenen Gefahren zusammenhängen.[23]

## 7. Amtspflichtverletzung (Auskunft)

Erhält ein bauwilliger Bürger auf Anfrage bei der Baugenehmigungsbehörde, ob das zu bebauende Grundstück eine „Altlast" enthalte, die – unrichtige – Auskunft, auf dem Grundstück seien keine Altlasten vorhanden, kann er gegen die Behörde eine Amtshaftungsklage erheben. Denn die behördliche Auskunft für den Bauwilligen ist „Verläßlichkeitsgrundlage" dafür, daß er mit finanziellen Mehraufwendungen durch eine „Altlast" nicht zu rechnen braucht. Der BGH[24] hat dementsprechend eine unrichtige Auskunft darüber, daß ein Grundstück von größeren Müllablagerungen frei sei, in den Schutzzweck der Amtspflicht einbezogen, den Empfänger vor schädlichen

Vermögensdispositionen zu bewahren, die er im Vertrauen auf die Richtigkeit der Auskunft vorgenommen hat.

## 8. Keine anderweitige Ersatzmöglichkeit/Verjährung

Hat die zuständige Gemeinde/Behörde bei Aufstellung des Bebauungsplans bzw. bei Erteilung einer Auskunft im Hinblick auf die Bebaubarkeit eines mit Schadstoffen belasteten Geländes lediglich fahrlässig gehandelt, besteht ein Amtshaftungsanspruch des Geschädigten nur dann, wenn er keine anderweitige Ersatzmöglichkeit hat, d.h. als Käufer insbesondere Gewährleistungsansprüche oder andere vertragliche Schadenersatzansprüche gegen den Verkäufer nicht mehr erfolgversprechend geltend machen kann.[25]

Der Amtshaftungsanspruch verjährt erst in 3 Jahren ab der Kenntnis des Geschädigten, daß er auf andere Weise keinen Ersatz erlangen kann oder zu dem Zeitpunkt, zu dem er sich im Prozeßwege oder auf andere Weise hinreichende Klarheit darüber verschaffen konnte, ob und in welcher Höhe ihm ein anderer Ersatzanspruch zusteht.[26]

## 9. Konkretisierung gemeindlicher Prüf- und Sicherungspflicht durch Vergabe von Standortgutachten/Auftrag zur Durchführung von Sanierungsmaßnahmen

### a) Werkvertrag zwischen Gemeinde und Gutachter

Hat die Gemeinde zum Zeitpunkt der beabsichtigten Beplanung eines Gebiets aufgrund vorliegender Erkenntnisse Anhaltspunkte für evtl. „Altlasten", ist es aus gemeindlicher Sicht und unter Berücksichtigung der dargestellten Rechtsprechung des BGH unabdingbar, vor einer Beplanung des Gebiets mit einer möglicherweise noch beabsichtigten Ausweisung zur Wohnbebauung, daß ein „Standortgutachten" erstellt wird. Der zu beauftragende Gutachter führt Probebohrungen im Plangebiet durch, erstellt Analysen, unternimmt kurzum den Versuch der Anfertigung eines Schadensgutachtens mit Kostenschätzung, soweit er „fündig" wird.[27]

Die Gemeinde wird dann die gutachterlichen Feststellungen in ihre Planungserwägungen mit einzubeziehen haben, um sich gegen evtl. spätere Haftungsansprüche „abzusichern" bzw. sie wird – je nach gutachterlichem Befund – von einer wohnbezogenen und arbeitsbezogenen Beplanung des konkreten Gebiets sogar Abstand nehmen müssen.

Der von der Gemeinde beauftragte Gutachter schließt mit der Gemeinde zur Durchführung des Projekts „Standortgutachten" zunächst einen Werkvertrag (nach §§ 631 ff. BGB).[28] Zu den Hauptpflichten des Gutachters gehört hier die vertragsmäßige, mangelfreie und rechtzeitige Herstellung des Werks, sprich: Durchführung des in Auftrag gegebenen Projekts. Daneben hat der Gutachter auch die Pflicht, seinen Auftraggeber aufzuklären und zu informieren,[29] insbesondere über Kenntnisse, über die speziell nur er als Gutachter verfügt, z. B. wenn es um die einvernehmliche Festlegung bestimmter Untersuchungsparameter bei einem Gelände mit besonderer industrieller Nutzung in der Vergangenheit geht. Die Gemeinde als Auftraggeberin hat ihrerseits die vereinbarte Vergütung zu leisten.

### b) Haftung des Gutachters

Die Haftung des Gutachters wegen mangelhafter Durchführung, Schlechterfüllung des Projekts richtet sich grundsätzlich nach Werkvertragsrecht und ist damit „auftraggeberbezogen".

Das heißt: der Gutachter ist für Fehlleistungen im Rahmen der konkret in Auftrag gegebenen Projektbetreuung ausschließlich seinem Auftraggeber, hier also der Gemeinde gegenüber, verantwortlich, innerhalb der Grenzen, die das Bürgerliche Gesetzbuch (BGB) vorgibt.[30] Das heißt zugleich, daß eine Haftung des Gutachters gegenüber Dritten, die z.B. kontaminierte Gelände erwerben und dann Ansprüche anmelden, grundsätzlich nicht besteht. Im Verhältnis zu diesen Dritten steht allein die plangebende Gemeinde oder zuständige Baugenehmigungsbehörde „in der Pflicht".

### c) Aufklärungspflicht des Gutachters

Wie schon erwähnt, hat der Gutachter seinen Auftraggeber aufgrund eigener fachspezifischer Kenntnisse z.B. über Schadstoffe, ihre Verwendung etc. im Rahmen der Projektvergabe und Projektdurchführung aufzuklären bzw. entsprechend zu informieren.

Die Gemeinde hat hierbei ihrerseits die Verpflichtung, dem Gutachter sämtliche ihr zur Verfügung stehenden Erkenntnisquellen zugänglich zu machen, um eine optimale Auftragserfüllung durch den Gutachter zu gewährleisten. Das daraufhin gemeinsam beschlossene und in der Regel auf den Vorschlägen des Gutachters basierende Untersuchungs- und ggf. spätere Sanierungsprogramm ist Gegenstand des Auftrags-verhältnisses. Im Falle der Gewinnung neuer und weiterer Erkenntnisse bei Durchführung von Untersuchungsmaßnahmen durch den Gutachter („Zufallsbefunde") empfiehlt es sich, einverständlich den Projektauftrag entsprechend zu erweitern bzw. das Auftragsverhältnis zu modifizieren.

### d) Exkurs: Gutachterliche Tätigkeit im Auftrag eines Anordnungsadressaten

Nichts anderes als das Gesagte gilt auch für den Fall, daß eine Gemeinde, ein Unternehmen oder ein Bürger Adressat belastender verwaltungsbehördlicher Verfügungen bzw. Anordnungen (Verwaltungsakte) zur Durchführung von Untersuchungs- und/oder Sanierungsmaßnahmen bei einem „Altlastenverdacht" wird.[31]

Die zuständige Verwaltungsbehörde legt hierbei dem/den Betroffenen auf, durch Einschaltung eines „anerkannten" Gutachters bestimmte Untersuchungen/Sanierungen auf dem Verdachtsgelände vornehmen zu lassen. Beauftragt der Adressat einer solchen behördlichen Verfügung oder Anordnung nun einen Gutachter mit der Durchführung von Untersuchungs- und/oder Sanierungsmaßnahmen, ist aus Sicht des Gutachters nicht der Inhalt der verwaltungsbehördlichen Verfügung rechtlich bindend, sondern der Inhalt seines Auftragsverhältnisses zum Verfügungsadressaten ( = Auftraggeber). Gibt also z.B. ein Unternehmen von einer verwaltungsbehördlich geforderten Untersuchung einer Schadstoffpalette hiervon nur ein Bruchteil zur Untersuchung an den Gutachter in Auftrag, ist dieser nicht berechtigt, Untersuchungen auf Kosten des Auftraggebers hinsichtlich weiterer Schadstoffe, die behördlicherseits aber gefordert waren,anzustellen.

Findet der Gutachter im Rahmen seiner in Auftrag gegebenen Untersuchungen dennoch weitere Schadstoffe vor, deren Untersuchung nicht in Auftrag gegeben worden war, ist er allerdings gehalten, dies seinem Auftraggeber außerhalb des „offiziellen" Gutachterberichts durch gesondertes Schreiben mitzuteilen und ihn auf mögliche Konsequenzen aufmerksam zu machen. Was der Auftraggeber mit diesem vermittelten Wissen dann macht, ist ausschließlich dessen Angelegenheit.

Eine Ausnahme besteht lediglich dort, wo dem Gutachter im Rahmen seiner Auftragserfüllung akute, Leib und Leben bedrohende Gefahren bekannt werden.

Hier hat er, wie jeder andere Bürger auch, die (strafrechtliche) Verpflichtung zur Anzeige bzw. Hinzuziehung von Behörden,[32] die in der Lage zur schnellen Gefahrenabwehr sind. In der Praxis sind derartige Fallkonstallationen aber relativ selten. Eine „bloße" CKW-Kontamination des Grundwassers berechtigt den Gutachter, der dies feststellt, jedenfalls nicht zu dem hier beschriebenen Vorgehen.

## Literatur und Anmerkungen

1. Vgl. Knopp, Altlastenrecht in der Praxis, 1992, Rn. 157; Raeschke-Kessler, NJW 1993, S. 2275 ff., 2275
2. BGHZ 106, 323 ff. = NJW 1989, S. 976 ff.
3. BGHZ 108, 224 ff. = NJW 1990, S. 381 ff.
4. BGHZ 109, 380 ff. = NJW 1990, S. 1038 ff.
5. Vgl. jüngst BGH, NJW 1993, S. 384 f.; BGH, NJW 1993, S. 933 ff.
6. Vgl. die Übersicht z.B. bei Knopp, Altlastenrecht (Fn. 1), Rnrn. 18 ff. und Pape, NJW 1992, S. 2661 ff., 2662
7. Vgl. BGH, NJW 1989, S. 976; BGH, NJW 1990, S. 381
8. Zu diesem Problembereich vgl. z.B. Knopp, Altlastenrecht (Fn. 1), insbes. Rnrn. 45 ff.; ders., BB 1989, S. 1425 ff., jew. m.w.N.
9. BGH, NJW 1991, S. 2701; BGH, NJW 1993, S. 385
10. Zu solchen „Absicherungsklauseln" in Kaufverträgen s. z.B. ausführlich Michel, Grundstückserwerb und Altlasten, 1990, insbes. S. 54 ff.; auch Knopp, NJW 1992, S. 2657 ff., 2660
11. Vgl. nur Battis/Krautzberger/Löhr, Baugesetzbuch, 3. Aufl. 1991, Rn. 112 m.w.N.
12. BGH, NJW 1989, S. 976
13. Siehe die Zusammenstellung bei Raeschke-Kessler, NJW 1993, S. 2276 f. m. Rspr.nachw.
14. Vom BGH bislang nicht entschieden; für die hier m.E. zu Recht vertretene Einbeziehung dieser Personen Raeschke-Kessler, a.a.O., S. 2277 m.w.N.
15. BGH, NJW 1990, S. 1038
16. BGH, NJW 1990, S. 1038; BGH, NJW 1991, S. 2701; BGH, NJW 1993,S. 933
17. BGH, a.a.O.
18. BGH, NJW 1993, S. 934
19. BGH, NJW 1990, S. 384

19a.BGH, a.a.O.

20. Vgl. hierzu auch Battis/Krautzberger/Löhr, BauGB, § 1 Rnrn. 63 ff. m.w.N.
21. Zum Inhalt der gemeindlichen Prüfpflicht s. Raeschke-Kessler, NJW 1993,S. 2278 f. m.w. Rspr.nachw.
22. BGH, NJW 1990, S. 975
23. BGH, NJW 1990, S. 1038; BGH, NJW 1993, S. 385
24. BGH, NJW 1993, S. 934
25. Vgl. z.B. Raeschke-Kessler, NJW 1993, S. 2280 mit Hinw. auf BGH, NJW 1993, S. 934
26. BGH, NJW 1993, S. 934
27. Vgl. hierzu auch Knopp, NJW 1993, S. 2660
28. Zu den tatbestandlichen Voraussetzungen im einzelnen s. die Kommentierung zu § 631 BGB bei Palandt, Bürgerliches Gesetzbuch, 52. Aufl., 1993
29. Vgl. z.B. Palandt, BGB, § 631 Rn. 13 m.w.N.

30. Einschlägig sind hier insbesondere die Vorschriften der §§ 633 ff. BGB, welche die verweigerte, verspätete und mangelhafte Leistung des Unternehmers betreffen; ferner kommen noch Ansprüche des Auftraggebers aus sog. positiver Vertragsverletzung (p.V.V.) im Falle der Verletzung von nebenvertraglichen Pflichten (z.B. Aufklärungs- und Informationspflichten) in Betracht.
31. Zu dieser in der Regel vorliegenden Fallkonstellation s. ausführlich Knopp, Altlastenrecht (Fn. 1), insbes. Rnrn. 63 ff. m.w.N.
32. Vgl. nur den Straftatbestand des § 323c StGB – unterlassene Hilfeleistung.

# Nationale und internationale Regelwerke für Ausschreibungen

Siegfried Stockhorst

Die wichtigste Grundregel, die in keinem Gesetzestext und in keiner Verordnung niedergelegt ist, lautet:

„Durch keine wie auch immer gearteten Maßnahmen sind Ihre guten persönlichen Kontakte zu den Vergabestellen zu ersetzen."

Unter diesem Grundpostulat laufen alle Beratungsgespräche zu Themen um das öffentliche Auftragswesen bei der Auftragsberatungsstelle Hessen.

### Wer ist die Auftragsberatungsstelle Hessen?

Die Auftragsberatungsstelle Hessen ist eine Gemeinschaftseinrichtung der hessischen Industrie- und Handelskammern (12) und Handwerkskammern (3). Im Auftrag ihrer Träger berät sie über Fragen um das öffentliche Auftragswesen. Sie steht allen kammerzugehörigen Unternehmen in ihrer Beratungsfunktion zur Verfügung. Hinsichtlich des ihr vom hessischen Minister für Wirtschaft, Verkehr und Technologie übertragenen Benennungsrechts und die damit zusammenhängenden Aktivitäten (Markterkundung § 4 VOL/A) steht sie aber auch allen anderen hessischen Unternehmen zur Verfügung. Eine Registrierung erfolgt auf Antrag eines Unternehmens. Ähnlich sieht es auch bei den Auftragsberatungsstellen in den übrigen Bundesländern aus.

***Tip:*** Lassen Sie sich hinsichtlich Ihres Leistungsprogramms bei Ihrer zuständigen Auftragsberatungsstelle registrieren, damit bei entsprechenden Ausschreibungen (ohne allgemeine Publizität) auf Anfragen Ihr Unternehmen vorgeschlagen werden kann.

## Teil I: Nationale Regelwerke

### Privatwirtschaftliches Handeln des Staates

Was auch immer der deutsche Staat an Lieferungen und Leistungen benötigt, verschafft er sich nicht durch hoheitliches Handeln, wie etwa bei der Einziehung von Steuern, sondern er wird bei seinen öffentlichen Aufträgen, auch Beschaffungen genannt, privatrechtlich tätig. Er schließt privatrechtliche Verträge. Das können Kauf-, Werk-, Werklieferungs-, Dienstleistungs-, Miet- und Mietleasingverträge sein.

Durch Gesetz, die Haushaltsordnungen des Bundes und der Länder, dort im § 55 (ähnliches gilt in den Gemeindehaushaltsordnungen), ist der oberste Grundsatz, auf dem das öffentliche Auftragswesen in Deutschland basiert, festgelegt. Er verpflichtet alle Behörden, ihre Beschaffungen nach Grundsätzen der Wirtschaftlichkeit und Sparsamkeit durchzuführen, indem er ausführt:

1) Dem Abschluß von Verträgen über Lieferungen und Leistungen muß eine öffentliche Ausschreibung vorausgehen, sofern nicht die Natur des Geschäfts oder besondere Umstände eine Ausnahme rechtfertigen.
2) Beim Abschluß von Verträgen ist nach einheitlichen Richtlinien zu verfahren.

Damit auch tatsächlich nach einheitlichen Richtlinien verfahren wird, haben Staat und Wirtschaft in gemeinsamen Verdingungsausschüssen Vorschriften erarbeitet, die allgemein bekannt sind als

**VOL: Verdingungsordnung für Leistungen – ausgenommen Bauleistungen,**
**VOB: Verdingungsordnung für Bauleistungen.**

Ergänzend kommt in Kürze eine *VOF: Verdingungsordnung für freiberufliche Leistungen* hinzu, die u. a. auch die heute noch im Rahmen der freihändigen Vergabe vergebenen und nach der HOAI abgerechneten Ingenieur- und Architektenleistungen umfassen wird.

Gegliedert sind die VOL und VOB in Teil A, Teil B sowie Teil C.

**VOL: Verdingungsordnung für Leistungen – ausgenommen Bauleistungen**

*Teil A (VOL/A)*
- Basisparagraphen
- a-Paragraphen (LKR)
- b-Paragraphen (SKR; geborene öffentliche Auftraggeber wie kommunale Eigenbetriebe)
- VOL/A-SKR (gekorene öffentliche Auftraggeber)

*Teil B (VOL/B)*

**VOB: Verdingungsordnung für Bauleistungen**

*Teil A (VOB/A)*
- Basisparagraphen
- a-Paragraphen (BKR)
- b-Paragraphen (SKR; geborene öffentliche Auftraggeber)
- VOB/A-SKR (gekorene öffentliche Auftraggeber)

*Teil B (VOB/B)*

*Teil C (VOB/C)*

In ihren A-Teilen, den allgemeinen Bestimmungen für die Vergabe von Leistungen bzw. Bauleistungen, legen die VOL/A und VOL/B in den ca. 30 Basisparagraphen die für nationale Ausschreibungen gültigen Verfahren, also das Procedere fest, nach dem die jeweiligen Ausschreibungen abzulaufen haben. Hinsichtlich ihrer Wirkung sind die Verfahren aber nur als Handlungsanweisungen an die ausschreibenden Stellen zu qualifizieren. Insbesondere bei Verstößen gegen diese Bestimmungen durch Vergabe-stellen ist eine Klage vor einem ordentlichen Gericht wegen des fehlenden Rechtsnorm-charakters der Verdingungsordnungen nicht möglich, wenn man von dem nur schwer konstruierbaren Verschulden bei Vertragsverhandlungen *(Culpa in contrahendo)* absieht, das einen Schadensersatz begründen könnte. Lediglich eine Dienstaufsichtsbeschwerde bleibt als Maßnahme gegen Regelverstöße möglich, die aber ohne sichtbare Konsequenz nach außen bleibt.

Neben den Basisparagraphen (Abschnitt 1) sind in die VOL/A und VOB/A in Abschnitt 2 als sogenannte a-Paragraphen die zusätzlichen Bestimmungen nach der EG-Lieferkoordinierungsrichtlinie (LKR) bzw. nach der Baukoordinierungsrichtlinie (BKR) eingearbeitet:

- in Abschnitt 3 als sogenannte b-Paragraphen die zusätzlichen Bestimmungen nach der EG-Sektorenrichtlinie (SKR) und
- in Abschnitt 4 Vergabestimmungen nach der EG-Sektorenrichtlinie für die Bereiche Trinkwasser, Energie- oder Verkehrsversorgung oder Telekommunikationssektor.

Auf die internationalen Richtlinien wird in Teil II näher eingegangen.

Völlig anders sind die Teile VOL/B, VOB/B sowie VOB/C zu bewerten. Ähnlich den allgemeinen Geschäftsbedingungen im normalen Geschäftsalltag bzw. als technische Vertragsbedingungen werden diese Teile stets Bestandteil der abzuschließenden Verträge mit der öffentlichen Hand sein und stellen somit einklagbares Recht dar.

### Vergabearten

Den ausschreibenden Stellen stehen 3 Vergabearten für ihre Beschaffungen zur Verfügung:

- *öffentliche Ausschreibung,*
- *beschränkte Ausschreibung,*
- *freihändige Vergabe.*

Auf die „öffentliche Ausschreibung" können alle gewerbsmäßig mit der Ausführung von Leistungen der ausgeschriebenen Art befaßten Unternehmen reagieren und um Zusendung der Ausschreibungsunterlagen bitten, um dann ein Angebot abzugeben.

Obwohl die öffentliche Ausschreibung als Regelausschreibung definiert ist, wird in vielen Fällen auf die„beschränkte Ausschreibung" zurückgegriffen. Hierbei wird nur einem ausgewählten Bewerberkreis die Teilnahme am Wettbewerb gewährt. Wie sich dieser Kreis zusammensetzt, legt die ausschreibende Stelle eigenverantwortlich fest. Gleichwohl kann sie sich eines vorgeschalteten öffentlichen Teilnahmewettbewerbs und/oder für den VOL-Bereich der Auftragsberatungsstellen bedienen.

Während die „öffentliche Ausschreibung“ und „beschränkte Ausschreibung“ sehr formstrenge Vergabeverfahren sind, bleibt die „freihändige Vergabe“ weitgehend eine von allen Formvorschriften befreite Vergabeart, bei der letztendlich auch in der Auswertungsphase der Angebote noch Gespräche und Verhandlungen über Preise, aber auch über alle anderen Vertragsbestandteile möglich sind, was bei der Öffentlichen und Beschränkten Ausschreibung strikt untersagt ist. Obwohl die„freihändige Vergabe“ eigentlich die Ausnahme bilden sollte, haben ihr die zahlreichen in der VOL/A und VOB/A vorgesehenen Ausnahmetatbestände für ihre Anwendung ein Schattendasein erspart.

## Teil II: Internationale EG-Richtlinien

Das entscheidende Kriterium für die Anwendung der supranationalen Vergabe-vorschriften ist der sogenannte Schwellenwert. Übersteigt das Beschaffungsvolumen den von der EG-Kommission festgelegten Schwellenwert, ist die Beschaffung, was das Procedere angeht, zwingend nach den EG-Richtlinien durchzuführen. Gleichwohl sind nationale und internationale Regelwerke nicht getrennte Werke. Vielmehr ist es gelungen, die internationalen Richtlinien der EG in das nationale Regelwerk zu integrieren.

Folgende Richtlinien sind in Kraft gesetzt worden:

*BKR: Baukoordinierungsrichtlinie der EG,*
*LKR: Lieferkoordinierungsrichtlinie der EG,*
*DLR: Dienstleistungsrichtlinie der EG,*
*SKR: Sektorenrichtlinie der EG,*
*RMR: Rechtsmittelrichtlinie der EG.*

So sind die Bestimmungen der *Lieferkoordinierungsrichtlinie (LKR),* anzuwenden ab einem Auftragswert von 200.000 ECU (1 ECU ca. DM 2,05), also ca. DM 410.000, als a-Paragraphen in die VOL/A eingearbeitet.

Die *Baukoordinierungsrichtlinie (BKR),* Schwellenwert 5 Mio. ECU, ist in die a-Paragraphen der VOB/A überführt. Die *Dienstleistungsrichtlinie (DLR),* als Auffangrichtlinie für alle nicht der LKR oder BKR zuzuordnenden Beschaffungen konzipiert, wird entweder ihren Niederschlag in den a-Paragraphen der VOL/A oder in der noch zu schaffenden VOF finden. Obwohl ihre Umsetzung ins nationale Recht noch nicht abgeschlossen ist, haben die ausschreibenden Stellen Aufträge, die als Dienstleistungsaufträge zu qualifizieren sind und die den Schwellenwert von 200.000 ECU überschreiten, gleichwohl international auszuschreiben.

Die Bestimmungen der *Sektorenrichtlinie (SKR),* EG-Deutsch als „Richtlinie des Rates zur Koordinierung der Auftragsvergaben durch Auftragnehmer im Bereich Wasser, Energie- und Verkehrsversorgung sowie im Telekommunikationssektor“ bezeichnet, sind als b-Paragraphen in die Abschnitte 3 bzw. in die Abschnitte 4 der Verdingungsordnungen eingearbeitet. Sie erfassen neben den staatlichen Behörden auch privatrechtliche Unternehmen (öffentliche und verbundene Unternehmen), die ihre Beschaffungsvorhaben ebenfalls öffentlich bekanntzumachen und dem internationalen Wettbewerb zu unterwerfen haben.

Es handelt sich hierbei um Unternehmen, auf die der Staat mittelbaren oder unmittelbaren beherrschenden Einfluß ausübt, soweit sie ihre Tätigkeiten auf den Gebieten Trinkwasser-, Energie-, Verkehrsversorgung und Telekommunikation ausüben.

Der Schwellenwert, ab dem Ausschreibungen nach der SKR stattzufinden haben, beläuft sich auf 400.000 ECU/600.000 ECU für Liefer- und Dienstleistungen bzw. 5 Mio. ECU bei Bauaufträgen.

## Vergabeüberwachung

Um die Durchsetzung der Anwendung der EG-Richtlinien abzusichern und die oft zu beobachtende Diskriminierung ausländischer Anbieter zu unterbinden, wurde die *Rechtsmittelrichtlinie (RMR) der EG,* auch als Überwachungsrichtlinie bezeichnet, entwickelt. Sie ist seit Dezember 1991 in Kraft. Hinsichtlich ihrer Umsetzung stellte sie die Bundesrepublik Deutschland vor große Probleme, da das bestehende Vergaberecht die Justitiabilÿität der Vergabeentscheidungen weitgehend ausschließt. Die Rechtsmittelrichtlinie der EG räumt aber jedem interessierten Unternehmen ein subjektives Recht hinsichtlich der Überprüfung des Vergabeverfahrens und der Vergabeentscheidung ein. Um nun ein spezielles Vergabegesetz zu vermeiden, hatte die Bundesregierung schon während ihrer Verhandlungen über die EG-Richtlinien eine deutsche Option mit in die Verträge aufnehmen lassen, die unser bewährtes Vergabesystem bewahren helfe und ein spezielles Vergabegesetz überflüsssig machen sollte.

Der zu erreichenden Justitiabilität der Vergabeverfahren haben Bundestag und Bundesrat nun dadurch Rechnung getragen, daß sie den im Haushaltsgrundsätzegesetz vorhandenen § 57 um die §§ 57 a, b, und c ergänzten. § 57 a definiert den durch die Richtlinien betroffenen Kreis der Auftraggeber. Dies können neben Einrichtungen der öffentlichen Hand auch private Unternehmen sein. Daneben räumt er der Bundesregierung die Möglichkeit ein, durch Rechtsverordnungen, die der Zustimmung des Bundesrates bedürfen, die Vergaben zu regeln. Dies bedeutet schlicht, daß VOL, VOB sowie die VOF indirekt Gesetzescharakter erhalten.

Durch § 57 b wird die Überprüfung der Vergabeverfahren sichergestellt. Sowohl der Bund als auch die Länder haben jeweils für ihre Zuständigkeitsbereiche sogenannte Vergabeprüfstellen einzurichten, die den von interessierten Unternehmen vorgetragenen Einwendungen/Beschwerden nachzugehen haben.

§ 57 c regelt die Einsetzung und die Kompetenz des Vergabeüberwachungsausschusses.

Diese für das deutsche Vergabewesen völlig neue Situation führt nun zur Einrichtung eines zweistufigen Überprüfungssystems. Die 1. Instanz ist die Vergabeprüfstelle. Eine oder mehrere der Vergabeprüfstellen können/werden in den jeweiligen Instanzenzügen jetzt auf Bundes- und Landesebene angesiedelt. Wahrscheinlich werden sie bei den dienstaufsichtsführenden Ministerien eingerichtet. Die jeweils zuständige Beschwerdestelle, an die Eingaben zu richten sind, ist schon in der Veröffentlichung der Ausschreibungsbekanntmachung – für den VOL-Bereich Offenes Verfahren, z. B. unter Ziffer 14 – bekanntzugeben. Für die Durchsetzung ihrer Entscheidungen kann die Vergabeprüfstelle alle Maßnahmen treffen, um Mängel abzustellen. Sie kann selbst in das Verfahren eingreifen.

Ist der Beschwerdeführer mit der Entscheidung der 1. Instanz nicht einverstanden, kann er den Vergabeüberwachungsausschuß (2. Instanz) anrufen, der als Revisionsinstanz ausgelegt ist. Die 2. Instanz wird durch ein Dreiergremium gebildet. Neben zwei beamteten und zum Richteramt geeigneten Juristen aus der Verwaltung ist auch ein Vertreter der Wirtschaft als ehrenamtlicher Beisitzer dort tätig. Die Mitglieder dieser Kammern sind unabhängig und nur dem Gesetz unterworfen. Die Entscheidungen dieser zweitinstanzlichen Spruchkammern sind für die 1. Instanz bindend. Sollten sie zugunsten des Beschwerdeführers ausfallen und ist der Mangel nicht mehr behebbar, vielleicht weil der Auftrag schon vergeben ist, bleibt möglicherweise lediglich die Feststellung einer Rechtswidrigkeit übrig, mit der Folge, daß der Schaden vor einem Zivilgericht eingeklagt werden kann.

### Bekanntmachungen

Während die nationalen Regeln lediglich vorschreiben, daß bei den öffentlichen Ausschreibungen die Bekanntmachung durch Tageszeitungen, amtliche Veröffentlichungsblätter oder Fachzeitschriften zu geschehen hat, auf eine Festlegung wird verzichtet, schreiben die EG-Richt- linien ausdrücklich vor, daß die Veröffentlichung zu erfolgen hat im

*„Supplement zum Amtsblatt der Europäischen Gemeinschaften"*.

Was die Form und den Inhalt angeht, ist explizit ein Muster vorgegeben. In Abhängigkeit von der Vergabeart ist der Veröffentlichungstext zu gestalten. Die Muster der Veröffentlichungen sind ebenfalls in der VOL/A und in der VOB/A enthalten.

### Arten der Vergabe

Ebenso wie die nationalen Vorschriften kennen die EG-Richtlinien 3 Vergabearten:

- *Offenes Verfahren* – entspricht etwa der „öffentlichen Ausschreibung";
- *nichtoffenes Verfahren* – entspricht etwa der „beschränkten Ausschreibung";
- *Verhandlungsverfahren, mit vorgeschaltetem Teilnahmewettbewerb* – entspricht etwa der „freihändigen Vergabe".

### Fristen

Eine besondere Bedeutung kommt bei den internationalen Richtlinien der Fristenregelung zu. So ist von den Vergabestellen bei dem *„offenen Verfahren"* eine Mindestfrist von 52 Tagen bis zum Angebotsschlußtermin einzuhalten. Die Frist beginnt mit der Absendung des Veröffentlichungstextes an das Amt für amtliche Veröffentlichungen der EG. Innerhalb von 12 Tagen hat das Amt die zur Veröffentlichung anstehenden Texte in die jeweilige Landessprache zu übersetzen und im Supplement zum Amtsblatt der EG zu veröffentlichen. Entsprechend dem Eingang der Anforderung der Angebotsunterlagen werden diese auch versandt. Je früher diese angefordert werden, je mehr Zeit steht für die Bearbeitung des Angebots zur Verfügung.

Bei dem *„nichtoffenen Verfahren“* sowie dem *„Verhandlungsverfahren mit Vergabebekanntmachung“* handelt es sich um ein zweistufiges Verfahren. Für den 1. Teil, d. h. die Veröffentlichung und die Anforderung der Unterlagen sind mindestens 37 Tage einzuräumen. Die Behörde sammelt die Anträge und verschickt gleichzeitig nach dem 37. Tag die Angebotsunterlagen an die zum Wettbewerb zugelassenen Unternehmen. Dies bedeutet aber auch, daß nicht jedes geeignete Unternehmen, das sich um Teilnahme am Wettbewerb beworben hat, auch beteiligt werden muß.

Mit dem Versand der Ausschreibungsunterlagen beginnt der 2. Teil des Verfahrens. Für die Bearbeitung sind mindestens wieder 40 Tage einzuräumen. Auf die Möglichkeit, Ausschreibungen aus Gründen der Dringlichkeit unter verkürzten Fristen laufen zu lassen, sei an dieser Stelle nur hingewiesen.

## Wer erhält den Zuschlag?

Wer letztendlich in einem Ausschreibungsverfahren den Zuschlag erhält, ist zwar eindeutig in den §§ der VOL/A geregelt, in der Praxis bereitet die Entscheidung allerdings erhebliche Probleme. So heißt es in der VOL/A im nationalen Bereich, daß dem wirtschaftlichsten Angebot der Zuschlag zu erteilen ist, während die VOB/A von dem annehmbarsten Angebot spricht. Nicht dem billigsten Anbieter ist also der Zuschlag zu erteilen, sondern nach Abwägung aller Faktoren - Gewährleistung, Ersatzteilversorgung, Folgekosten bis hin zu Umweltgesichtspunkten spielen eine Rolle - dem wirtschaftlichsten bzw. annehmbarsten Angebot. Soweit es in den Ausschreibungsunterlagen nicht ausdrücklich ausgeschlossen wird, sollten Unternehmen, sobald sie bei der Angebotsausarbeitung feststellen, daß sie möglicherweise eine bessere Alternative anzubieten haben als die geforderte Ausführung, ein Nebenangebot oder einen Änderungsvorschlag einreichen.

Dieses Alternativangebot ist nicht auf den Originalunterlagen festzuhalten, sondern separat auf Firmenbogen, deutlich als solches gekennzeichnet und mit vielen deutlichen Erläuterungen und Erklärungen versehen, mit den Angebotsunterlagen einzureichen.

## Was erfährt man über Ausschreibungsergebnisse?

Im Bausektor gibt es den sogenannten Submissionstermin. Jeder Bieter hat hier die Möglichkeit, über die Ausschreibungsergebnisse Informationen zu erhalten. Im Lieferbereich regelt der § 27 der VOL/A das Prozedere und die Umstände, unter denen bestimmte Ausschreibungsresultate mitgeteilt werden können. Bei den internationalen Ausschreibungen sind nach der LKR, DLR und BKR innerhalb von 48 Tagen die Ergebnisse nach vorgeschriebenem Muster zu veröffentlichen, wobei auch der Name des Auftragnehmers und der Preis oder die Preisspanne zu erwähnen sind. Die Sektorenrichtlinie läßt eine Frist von 2 Monaten für die Bekanntmachung der Ausschreibungsergebnisse an die Kommission zu.

## Bewertung

Staatsaufträge sind kein Buch mit sieben Siegeln. Staatsaufträge sind oder können wirtschaftlich interessant sein. Es ist aber stets zu prüfen, ob der Anteil des Umsatzes, der durch Staats- aufträge getätigt wird, in der richtigen Höhe angesiedelt ist. Eine zu starke Abhängigkeit sollte vermieden werden.

Die oben niedergelegten Ausführungen stellen lediglich einen kurzen Abriß über die nationalen und internationalen Bestimmungen auf den Beschaffungsmärkten dar. Sollten Sie vertiefende Fragen haben, vereinbaren Sie bitte ein Beratungsgespräch bei der für Sie zuständigen Auftragsberatungsstelle, für hessische Unternehmen also die Service-Einrichtung der hessischen Industrie- und Handelskammern und Handwerkskammern, die Auftragsberatungsstelle Hessen e.V.

# Leistungsbeschreibung und Honorarfindung für Gutachterleistungen bei der Altlastensanierung

Lothar Breitenborn

## 1. Leistungsgliederung

Zur Systematisierung der Verfahrensabläufe wurde die Altlastensanierung in das Koordinatensystem der Objekt-, Prozeß- und Institutionenlehre eingeordnet.

Als Objekt bezeichnet man danach im Baubereich Gebäude, Ingenieurbauwerke, sonstige Bauwerke und Freianlagen, als Institutionen Wirtschaftsubjekte wie Bauunternehmen und Ingenieurbüros. Die Prozeßlehre beschäftigt sich mit den einzelnen Tätigkeiten während der Planungs- und Bauphase (vgl. Pfarr 1984).

In Übertragung wird die zu sanierende Altlast als Objekt definiert, das in der Prozeßorientierung in 4 Leistungsstufen mit weiterer Unterteilung in jeweils 5–9 Leistungsphasen gegliedert ist (s. Übersicht auf S. 20 „Leistungsgliederung Altlastensanierung“).

In der Institutionenorientierung ist bei der Altlastensanierung grundsätzlich zu unterscheiden nach:

- Ingenieurleistungen im Sinne der HOAI (Honorarordnung für Architekten und Ingenieure) mit einem eindeutigen und erschöpfenden sowie allgemein verwendbaren Leistungsbild und gutachterlichen Leistungen mit jeweils speziellen Anforderungen;
- Bauleistungen (im Sinne der Verdingungsordnung für Bauleistungen VOB: Arbeiten jeder Art, durch die eine bauliche Anlage hergestellt, instandgehalten, geändert oder beseitigt wird. Hier: Feldarbeiten im Rahmen der diversen Voruntersuchungen und Ausführungsarbeiten im Rahmen der eigentlichen Sanie-rung) und
- Leistungen im Rahmen der Analytik zur Durchführung der Analysen einerseits und zur Bewertung der Ergebnisse andererseits.

Für die Honorierung bzw. Vergütung dieser Leistungen ist entscheidend, ob es sich um Bau- oder Ingenieurleistungen handelt. Die Verdingungsordnung für Bauleistungen VOB sieht für Bauleistungen einen Preiswettbewerb u. a. mit Ausschreibungen vor. Ingenieurleistungen sind hingegen durch die Preisrechtsverordnung des Bundes HOAI als geistig-schöpferische Leistung geschützt und dürfen lediglich dem Qualitätswettbewerb unterworfen werden.

*Übersicht:* Leistungsgliederung Altlastensanierung

---

*I. Historische Erkundung*
1. Grundlagenermittlung
2. Material- und Datenrecherche
3. Datenauswertung
4. Informationsverknüpfung
5. Bewertung der Ergebnisse
6. Dokumentation und Präsentation

*II. Technische Erkundung*
1. Grundlagenermittlung
2. Aufstellen des Untersuchungsprogramms
3. Vorbereiten und Mitwirken bei der Vergabe
4. Eigenuntersuchung und Untersuchungsüberwachung
5. Bewertung der Ergebnisse
6. Dokumentation und Präsentation

*III. Sanierungsuntersuchung*
1. Grundlagenermittlung
2. Sanierungskonzepterstellung
3. Erprobung von Alternativen
4. Vergleichende Bewertung der Alternativen
5. Dokumentation und Präsentation

*IV. Sanierung*
1. Grundlagenermittlung
2. Vorplanung
3. Entwurfsplanung
4. Genehmigungsplanung
5. Ausführungsplanung
6. Vorbereiten der Vergabe
7. Mitwirken bei der Vergabe
8. Oberleitung und örtliche Bauüberwachung
9. Objektbetreuung, Dokumentation und Präsentation

---

Die Frage, wie die obengenannten 3 Kategorien in der Altlastensanierung Ingenieurleistungen, Bauleistungen und Analytik auf die 2 Kategorien Ingenieur- und Bauleistungen zurückgeführt werden können, ist nach dem Ingenieurvertragsmuster für die Altlastenerkundung des Landes Baden-Württemberg geklärt worden (vgl. Groß 1991). Danach sind alle Leistungen geistig-schöpferischer Art im Sinne der HOAI und VOL/A Ingenieurleistungen sowie alle damit zusammenhängenden Arbeiten, die von 1–2 Personen ohne Zuhilfenahme von Baumaschinen ausgeführt werden können. Bauleistungen nach VOB erfordern dagegen die Zuhilfenahme von Baumaschinen und Anlagen.

Grundsätzlich soll gelten, daß Leistungen, die sich für eine Ausschreibung eignen, auszuschreiben sind. Im Rahmen der geotechnischen Arbeiten sind insbesondere die größeren Bohrungen auszuschreiben, Kleinbohrungen und Sondierarbeiten lassen sich dagegen in die Leistungen der Ingenieure mit einbeziehen, deren Leistungen freihändig zu vergeben sind. Bauleistungen sind gemäß VOB/A zu vergeben. Bei den chemisch-analytischen Arbeiten ist in der bisherigen Praxis eine Ausschreibung sowohl nach der Verdingungsordnung für Leistungen VOL/A als auch eine Vergabe ohne Ausschreibung durch Einbeziehung in Ingenieurverträge üblich.

## 2. Planer- und Gutachterleistungen

Aus dem Hochbau ist bekannt, daß die Ursachen für Gebäudeschäden zu 40 % in Planungsfehlern begründet sind (BMBau 1988). Zu vermuten ist, daß dieser Prozentsatz bei Planungs- und Gutachterleistungen im Rahmen der Altlastensanierung aufgrund mangelhafter vertragsrechtlicher Grundlagen noch erheblich höher liegt. Die Ausführungsfehler sind auf die gleichen Ursachen zurückzuführen wie z.B. Planungs- und Ausschreibungsfehler, unzureichende Qualifikation der Bearbeiter, Zeit- und Kostendruck sowie unzureichende Qualitätssicherung.

### Leistungsbilder

Die HOAI enthält bisher keine Leistungsbilder für die Altlastensanierung. Daher wurden im Rahmen des DFG-Forschungsprojektes „Arbeitshilfen Altlasten" (Diederichs u. Rüller 1992) nach Leistungsstufen und darin nach Leistungsphasen gegliederte Leistungsbeschreibungen aufgestellt als Katalog von Teilleistungen, deren Anwendung im Einzelfall zu prüfen ist.

Für die Leistungsstufe II wurden mittlerweile Unterteilungen im Sinne von § 2 HOAI in Grundleistungen und Besondere Leistungen getroffen (s. Tabelle 1). Grundleistungen sind zur ordnungsgemäßen Erfüllung eines Auftrags im allgemeinen erforderliche Leistungen. Besondere Leistungen ergänzen die Grundleistungen oder treten an deren Stelle, wenn besondere Anforderungen an die Ausführung des Auftrags gestellt werden.

## 3. Vergabe

Verträge über Ingenieurleistungen unterliegen grundsätzlich dem Werkvertragsrecht nach §§ 631 ff. BGB. Die Vergabe von Ingenieurleistungen soll freihändig erfolgen, jedoch sind zur Erhaltung des Wettbewerbs mindestens 3 Anfragen bei fachkundigen, leistungsfähigen und zuverlässigen Anbietern einzuholen. Neben Qualitätsanfragen werden leider in der heutigen Praxis darüber hinaus häufig Preisanfragen durchgeführt mit dem Ergebnis der ungeprüften Beauftragung des billigsten Bieters. In erster Linie sind daher Bewertungskriterien der Fachkunde, Leistungsfähigkeit und Zuverlässigkeit zugrundezulegen, wobei

**Tabelle 1.** *Leistungsbild II:* Technische Erkundung

| Leistungsphase | Grundleistungen | Besondere Leistungen |
|---|---|---|
| 1. Grundlagenermittlung | – Klären der Aufgabenstellung<br>– Zusammenstellung aller Daten und Materialien aus der Erstbewertung<br>– Ermitteln der Randbedingungen<br>– Ortsbesichtigung<br>– Auswerten der vorhandenen Daten und Materialien<br>– Zusammenfassen der Ergebnisse | – Überprüfung und ggf. Vervoll ständigen der vorhandenen Daten<br>– Beweissicherungsmaßnahmen |
| 2. Aufstellung des Untersuchungsprogramms | – Festlegen der Untersuchungsparameter<br>– Entwicklung einer differenzierten Beprobungsstrategie<br>– Festlegen der Analysenverfahren und erforderlichen Meßgenauigkeiten<br>– Festlegen geowissenschaftlicher und sonstiger Untersuchungen<br>– Erarbeitung geeigneter Arbeitsschutzmaßnahmen und Aufstellung eines Arbeitsplatzes (ZH1/183)<br>– Erläuterung der Untersuchung<br>– Kostenschätzung für die Untersuchung | – Planung weitergehender, z. B. hydrogeologischer und geoelektrischer Untersuchungen |
| 3. Vorbereitungs und Mitwirkung bei der Vergabe | – Mengeermittlung und Aufgliederung nach Einzelpositionen<br>– Erstellen der Verdingungsunterlagen<br>– Abstimmen der Verdingungsunterlagen mit den an der Planung fachlichen Beteiligten<br>– Zusammenstellen der Verdingungsunterlagen für alle Leistungsbereiche<br>– Einholen von Angeboten<br>– Prüfen und Werten der Angebote (Preisspiegel)<br>– Mitwirken bei den Bieterverhandlungen<br>– Fortschreiben der Kostenschätzung | – Vorbereitung und Mitwirkung bei der Vergabe von VOL-Leistungen |

| | | |
|---|---|---|
| 4. Untersuchungsüberwachung | | Fachgutachterliche Betreuung<br><br>Als örtliche Bauleitung mit eigenem Leistungsbild nach § 57 HOAI:<br>– Überwachung der Ausführung<br>– Festlegen der Bohransatzpunkte und des Brunnenausbaus<br>– Führen eines Bautagebuchs<br>– Mitwirken bei der Abnahme der Leistungen und Lieferungen<br>– Rechnungsprüfung<br>– Mitwirken bei behördlichen Abnahmen<br><br>– Sicherheitstechnische Koordination<br>– Koordination aller fachlichen Beteiligten<br>– Kostenfeststellung |
| 5. Bewertung der Ergebnisse | – Auswerten und Darstellen der geotechnischen Daten (detaillierte geologische Modelle)<br>– Auswerten und Darstellen der Analyseergebnisse<br>– Bewerten der Aussagekraft der Analysenergebnisse<br>– Schutzgut- und nutzungsbezogenes Bewerten der Gefährdungen<br>– Beschreiben und Bewerten des weiteren Handlungsbedarfes | – Erstellen von hydraulischen Modellen<br><br>– Erstellen und Erläutern von Zwischenberichten<br><br>– Fallstudien (Sensitivitätsanalysen) |
| 6. Dokumentation und Präsentation | – Erstellung eines Gutachtens nach Gliederungsvorgaben des AG<br>– Einmalige Erläuterung des Gutachtens vor Gremien des AG<br>– Abrechnung der Gesamtmaßnahmen und Kosten-Feststellung | – Abspeicherung der ermittelten Daten auf Datenträgern<br><br>– Weitere Erläuterungen der Untersuchung, z. B. auf Bürgerversammlungen |

jedoch die Angemessenheit des Angebotspreises nicht außer acht gelassen werden darf. Vielfach wird von Rechnungsprüfungsämtern eine Ausschreibung von Ingenieurleistungen verlangt. Dies ist gemäß BGH-Entscheidung vom 02.05.1991 (BGH I ZR 227/89) gesetzwidrig, sofern damit eine Unterschreitung der HOAI-Mindestsätze gefördert bzw. erreicht wird.

## 4. Honorierung

Eine Honorierung der Ingenieurleistungen nach dem Prinzip der anrechenbaren Kosten ist bisher aufgrund fehlender Leistungsbilder und Bemessungsparameter für die meisten Leistungsstufen noch nicht möglich. Lediglich in der Leistungsstufe IV, der Sanierungsdurchführung, ist dieses Prinzip sinnvoll anwendbar. Stattdessen bieten sich Pauschal- oder Höchstpreisvereinbarungen mit Verrechnungssätzen für die einzelnen Leistungsstufen an im Sinne einer abschnittsweisen Beauftragung.

Eine Abrechnung nach detaillierten Nachweisen der Stunden und der Nebenkosten auf der Basis von angemessenen Stundenverrechnungssätzen ohne Leistungsbezug wird als nicht sinnvoll erachtet.

Um zu einer möglichst kurzen vertraglichen Vergütungsregelung zu gelangen, wird empfohlen, die Einzelheiten in einer Anlage zu regeln, in der zu differenzieren ist nach den Leistungsstufen IIII mit freier Honorarvereinbarung. Für die Leistungsstufe IV wird eine Honorierung nach Teil VII der HOAI – Leistungen bei Ingenieurbauwerken – empfohlen.

In Fachkreisen sind zur Zeit unterschiedliche Bestrebungen erkennbar, Regelungen für Mindesthonorare zu entwickeln. Der Ausschuß für die Honorarordnung der Beratenden Ingenieure AHO hat im September 1993 eine entsprechende Fachkommission eingerichtet. Als mögliche Honorargrundlage im Sinne anrechenbarer Kosten werden für das Honorar bei der Technische Erkundung (Tabelle 1) die Leistungen für Feldarbeiten (Probennahme) und Analytik diskutiert.

In einer Untersuchung am Lehrstuhl Bauwirtschaft an der BUGH Wuppertal wurden Technische Erkundungen im Hinblick auf Abrechnungsmodalitäten ausgewertet:

Die Gesamtvolumina der technischen Erkundungen inkl. Feldarbeiten und Analytik reichten von 13 TDM bis 530 TDM. Dabei wurden Gutachterhonorare von 2,5 TDM bis 147 TDM ausbezahlt. Im Durchschnitt setzten sich die Gesamtaufwendungen anteilig aus 34 % Aufwendungen für Feldarbeiten, 42 % Aufwendungen für Analytik und 24 % für Honorare zusammen.

Es ergibt sich eine degressive Abhängigkeit zwischen den FuA-Aufwendungen (Feldarbeiten und Analytik) und dem Grundhonorar des Gutachters (s. Abb. 1 und 2). Der mittlere Verlauf der Funktion kann durch eine Wurzelfunktion angenähert werden.

Signifikant häufige Mittelwertsüberschreitungen wurden bei Altablagerungen (im Gegensatz zu Altstandorten) und medienübergreifender Untersuchung von Feststoffen, Bodenluft und Grundwasser festgestellt. Technische Erkundungen, die sich lediglich auf die Untersuchung von ein oder zwei Medien beschränken,

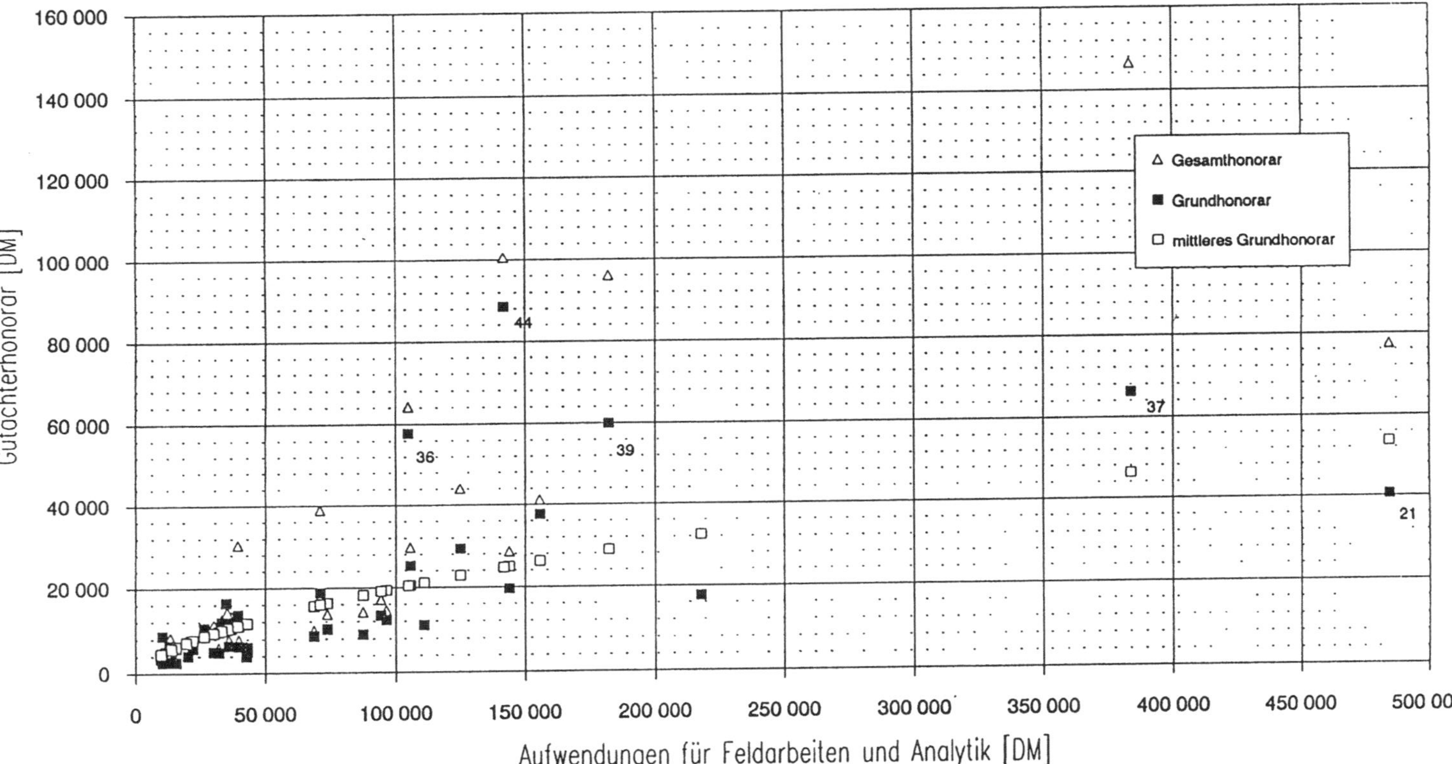


**Abb. 1.** Zusammenhänge zwischen FuA-Aufwendungen und Gutachtergrundhonorar bei der technischen Erkundung

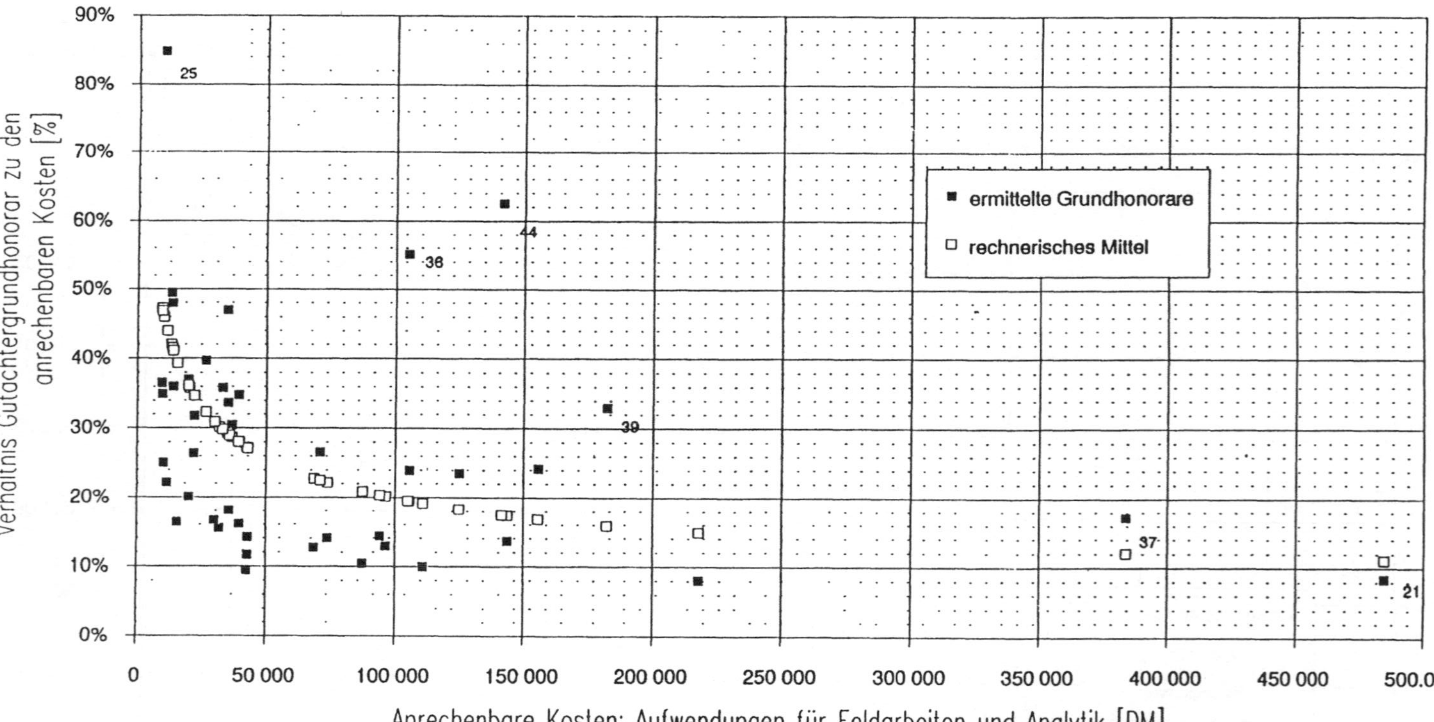


**Abb. 2.** Zuammenhänge zwischen Gutachterleistungen und FuA-Aufwendungen (Gutachtergrundhonorar in % der anrechenbaren Kosten)

führten dagegen zu einem unterdurchschnittlichen Honorar. Ein Einfluß der flächenmäßigen Ausdehnung der Altlasten auf eine Abweichung von der Mittelwertsfunktion konnte nicht nachgewiesen werden. Es ist folglich davon auszugehen, daß der funktionale Zusammenhang von FuA-Aufwendungen und Gutachterhonorar den Einfluß der Altlastenfläche auf das Gutachterhonorar gut abbildet.

Im Bereich der Sanierung von Altlasten kommen nicht nur Bauingenieure, sondern vielfach auch Geologen, Geographen, Biologen, Toxikologen, Chemiker, Mediziner u. a. zum Einsatz. Eine Erhebung bei Planern und Gutachtern hat die Forderung nach einer Erhöhung der geltenden HOAI-Stundenverrechnungssätze bekräftigt mit einer Anhebung um ca. 30 % (Stand Frühjahr 1992).

## 5. Ausblick

Die Unsicherheit bei der Beschreibung und Honorierung von Planer- und Gutachterleistungen wird mittelfristig durch die Einbeziehung der entsprechenden Leistungsbilder in die HOAI beendet werden. Bis dahin kann die vorgestellte Systematik für eine gestufte Beauftragung als Arbeitshilfe zur Ermittlung eines fairen Honorars angewandt werden.

## Literatur


Bartels-Langweige J, Hirschberger H (1988) Besonderheiten der Baubetriebsplanung und Verfahrenswahl bei der Umlagerung kontaminierter Böden.In: TBG Tiefbau-Berufsgenossenschaft: Sonderdruck Altlasten. Bundesministerium für Raumordnung, Bauwesen und Städtebau. Zweiter Bericht über Schäden an Gebäuden.Eigendruck, Bonn, S 81–87

Diederichs CJ, Rüller G (1992) Arbeitshilfen zur Beauftragung von Planern, Gutachtern und Firmen mit der Sanierung von Altlasten. DVP-Verlag, Wuppertal

Groß U (1991) Muster-Ingenieur-Vertrag des Landes Baden-Württemberg – Vortrag beim 2. Workshop „Altlasten" am 08.6.1991 an der Bergischen Universitdt Wuppertal.(Unveröffentlicht)

LAWA – Länderarbeitsgemeinschaft Wasser (1989) Allgemeine Vertragsbestimmungen im Bereich der Wasserwirtschaft -AVB-ING-WAS- Ingenieurvertrag Wasserwirtschaft – ING-WAS-Muster 1985, Teil 2: Hartmann R (Hrsg) Die neue Honorarordnung für Architekten und Ingenieure – Loseblatt-Sammlung (Bd. 3). Baufachverlag, Kissing

Pfarr K (1984) Grundlagen der Bauwirtschaft. DeutscherConsulting Verlag, Essen

# Erfahrungen mit Ausschreibungs- und Vergabepraxis anhand des Projektes „Altlastenerkundungen auf Liegenschaften des Bundes" – Organisationsstrukturen und Zuständigkeiten

Dieter Weth

Nach der Wiedervereinigung beider deutschen Staaten gingen in den neuen Bundesländern große Flächen in das Eigentum des Bundes über. Die durch die ehemalige Nationale Volksarmee (NVA) genutzte Fläche von etwa 240.000 ha wurde in das Ressortvermögen des BMVg übernommen. Ein Teil dieser Liegenschaften beabsichtigt das BMVg auf Dauer weiter zu nutzen, andere Liegenschaften gehen in das Bundesvermögen über und werden anderen zivilen Nutzungen zugeführt. Darüber hinaus wurden durch die Streitkräfte der ehemaligen Sowjetunion etwa 256.000 ha genutzt, die jetzt durch den allmählichen Abzug der WGT freigezogen werden. Aber auch in den alten Bundesländern werden ehemals militärisch genutzte Flächen, bedingt durch die teilweise vorgenommene Rückführung von Gaststreitkräften und die allgemeine Truppenreduzierung, für eine zivile Nutzung vorbereitet. Wichtige Gesichtspunkte für jegliche weitere zivile oder militärische Nutzung ist die Frage nach der Existenz von Bereichen, von denen gefährliche Substanzen in die Luft, den Boden oder das Wasser emittitiert werden können, oder ob diese Medien bereits kontaminiert worden sind.

In diesem Beitrag soll ein Überblick über die Vorgehensweise, Organisationsstrukturen und Zuständigkeiten zur Bewältigung der Altlastenprobleme auf Bundesliegenschaften gegeben werden.

## 1. Das Altlastenprogramm Ost der Bundeswehr

Im Sommer 1991 hat das BMVg in den neuen Bundesländern das „Altlastenprogramm Ost der Bundeswehr" gestartet. Inzwischen werden im Rahmen dieses Programms auf mehr als 200 Liegenschaften Erkundungen durchgeführt, um mögliche Schadstoffherde zu lokalisieren, die Auswirkungen von Schadstoffeinträgen auf Schutzgüter zu erkunden und – falls erforderlich – die notwendigen Sanierungsmaßnahmen vorzunehmen.

Dazu ist die Oberfinanzdirektion Hannover mit Erlaß vom 14.06.1991 vom BMVg beauftragt worden, als Leitbaudienststelle folgende Aufgaben wahrzunehmen:

1. Erstbewertung und Gefährdungsabschätzung von Altlastenverdachtsflächen auf Bundeswehrliegenschaften in den Wehrbereichen VII und VIII.

2. Erarbeitung einer Handlungsanweisung für die Beteiligung der örtlich zuständigen Baudienststellen und Aufstellung aller für die weiteren Verfahrensschritte erforderlichen Plan- und Vertragsunterlagen unter Einschaltung der Fachbehörden.
3. Mitwirkung bei der Planung und Durchführung von Sanierungs- und Sicherungsmaßnahmen von Altlasten, soweit erforderlich.
4. Erarbeitung von Vorschlägen für ggf. erforderliche Sofortmaßnahmen zur Gefahrenbeseitigung/Sicherung/Sanierung von Altlasten.
5. Aufstellung eines Kosten- und Ausgabenplans.

Dieser Aufgabenkatalog bezieht sich zunächst auf struktursichere Liegenschaften in den 5 neuen Bundesländern.

Zur fachtechnischen Beratung und Unterstützung der Leitbaudienststelle ist das Ing.-Büro Prof. Mull & Partner eingesetzt worden. Die Oberfinanzdirektion Hannover und das Büro Prof. Mull & Partner bilden das Projektmanagement. Dabei werden die Zuständigkeiten der östlichen OFDen und Bauämter in keiner Weise eingeschränkt.

Um die der Leitbaudienststelle übertragenen Aufgaben zu erfüllen, werden vom Projektmanagement folgende Leistungen erbracht:

- Aufstellung von Leistungskatalogen für die Erstbewertung und Gefährdungsabschätzung;
- Beratung der örtlichen Baudienststellen bei der Auswahl von Ingenieurbüros und Sanierungsfirmen;
- fachtechnische Wertung der Angebote der Ingenieurbüros als Grundlage für die Ingenieurvertragsentwürfe;
- Prüfung der durch örtliche Ingenieurbüros aufgestellten Gutachten;
- Durchführung der einheitlichen formalisierten Bewertung der Altlastenverdachtsflächen nach den von den Fachbehörden anerkannten Gefährdungsabschätzungsverfahren;
- Aufstellung zusammenfassender Berichte;
- Erarbeitung fachlicher Stellungnahmen zu Sonderproblemen der Altlastenerkundung und -sanierung;
- Aufstellung von Standardleistungsprogrammen und -beschreibungen für die Sicherungs- und Dekontaminierungsmaßnahmen;
- Beratung der Baudienststellen bei der Vorbereitung und Durchführung von Sanierungsmaßnahmen;
- Aufstellung von Handlungskonzepten;
- Einrichtung von Datenbanken zur Erfassung der Projektdaten, Fachdaten aus derAltlastenerkundung, Ingenieurbüros, chemischen Untersuchungslaboratorien, Sanierungsfirmen, Fach- und Vollzugsbehörden.

Ein zentraler Punkt der Arbeit des Projektmanagements stellt das „Vorläufige Handlungskonzept zur Erfassung und Erkundung von Altlastenverdachtsflächen auf Bundeswehrliegenschaften“ der OFD Hannover dar. In diesem Handlungskonzept, das als Lose-Blatt-Sammlung angelegt ist, sind Allgemeine Leistungskataloge für Ingenieurleistungen der Phase I (Erfassung und Erstbewertung) und der Phase II (Gefährdungsabschätzung) nebst Merkblättern zur Angebotserstellung, Formblättern zum Kostenvergleich, und Zusammenstellungen des Inhalts von Gutachten, Vertragsmuster für die einzelnen Phasen der Altlastenerkundung und für Sofortmaßnahmen, Erfassungsblätter und vieles mehr enthalten, das für die zuständigen Baudienststellen für die Ausschreibung und Vergabe dieser Leistungen wichtige Hilfestellungen darstellt. Das Handlungskonzept wird laufend überarbeitet, so daß neueste Erkenntnisse und Erfahrungen eingearbeitet werden können.

Die Altlastenerkundungen auf Bundeswehrliegenschaften in den alten Bundesländern (Altlastenprogramm BW) werden gemäß Erlaß des BMVg vom 25.02.1992 von den zuständigen Oberfinanzdirektionen vorgenommen. Hier stellt das „Vorläufige Handlungskonzept" der Oberfinanzdirektion Hannover eine wesentliche Hilfe dar und ist ein wesentlicher Baustein des in diesem Zusammenhang an die OFD Hannover ergangenen Auftrags, ihre Erfahrungen den West-OFD'en zugänglich zu machen.

## 2. Planung und Ausführung der Sicherung und Sanierung belasteter Böden auf Bundesliegenschaften

### Allgemeines

Das Bundesministerium für Raumordnung, Bauwesen und Städtebau hat mit Erlaß vom 06.07.1992 eine wesentliche Festlegung getroffen:

Die Altlastenerkundung und -sanierung ist von der Aufgabenstellung her vergleichbar mit einer Baumaßnahme. Also liegt es nahe, diese nach den gleichen Regeln abzuwickeln, die auch für Baumaßnahmen gelten. Mit der Bauverwaltung stehen leistungstarke Organisationsstrukturen zur Verfügung, die die Altlastenerkundungs- und Sanierungsmaßnahmen durchführen können. Ferner ist für die Planung und Durchführung von Baumaßnahmen die Kenntnis über ggf. vorhandene Verdachtsflächen und Altlasten sehr wichtig. Notwendige Altlastenerkundungs- und -sanierungsmaßnahmen müssen mit den Baumaßnahmen koordiniert werden. Es ist sinnvoll, die Altlastenerkundung/-sanierung und die Durchführung von Baumaßnahmen in eine Hand zu legen.

Generell ist die Oberfinanzdirektion Hannover für die Planung und Ausführung der Sicherung und Sanierung belasteter Böden in Liegenschaften des Bundes als „Leit-OFD" mit Erlaß vom 03.11.1992 zur Aufstellung von zentralen Datenbanken und zur Unterstützung bei der Planung und Ausführung der Sicherung und Sanierung belasteter Böden auf Liegenschaften des Bundes eingesetzt worden.

Die vom BMBau mit Erlaß vom 04.11.1992 eingeführte „Richtlinie für die Planung und Ausführung der Sicherung und Sanierung belasteter Böden" ist für alle Maßnahmen maßgebend.

Die projektbezogenen Aufgaben bei der Planung von Altlastenerkundungen oder Sanierungen wie z.B. die Erstellung von Leistungskatalogen, Durchführung von Preis- und Honoraranfragen, Wertung der Angebote, Kontrolle der Arbeiten vor Ort, Prüfung der Gutachten, Rechnungsprüfung usw. werden von der zuständigen Bauverwaltung wahrgenommen.

## Ehemalige WGT-Liegenschaften

Dieses Verfahren wird bei der Behandlung von Sofortmaßnahmen zur unmittelbaren Gefahrenbeseitigung auf altlastenverdächtigen Flächen auf den sogenannten WGT-Liegenschaften angewendet. Dazu hat der BMBau gemeinsam mit dem BMF mit dem Erlaß vom 18.12.1992 an die Bundesvermögens- und Bauabteilungen der Oberfinanzdirektionen in den 5 neuen Bundesländern und an die OFD Hannover einen generellen Planungs- bzw. Bauauftrag erteilt. Die OFD Hannover übernimmt bei der Abwicklung dieses Projektes neben der Funktion einer Leitbaudienststelle auch unterstützende Leistungen bei der Planung und Ausführung von Erkundungs-, Sicherungs- und Sanierungsarbeiten.

Der Durchführung der Sofortmaßnahmen werden die Erkundungsergebnisse zugrundegelegt, die von der Industrieanlagen-Betriebsgesellschaft mbH (IABG) im Auftrag des BMU sowie des Umweltbundesamtes (UBA) erarbeitet wurden.

Zur Unterstützung bei den Projektsteuerungsaufgaben wurde das Büro Prof. Mull & Partner beauftragt. Diese Unterstützungsaufgaben umfassen in wesentlichen Teilen die fachliche Auswertung der IABG-Unterlagen und sonstiger Dokumente, die Vorbereitung und Durchführung von Ortsterminen incl. der Erarbeitung der dafür erforderlichen Stellungnahmen. Die Landesbauabteilung der OFD Hannover und das Büro Prof. Mull & Partner bilden das „Projektmanagement der Leit-OFD".

Sobald die Bundesvermögensabteilungen die Berichte und Unterlagen von der IABG dem Projektmanagement der Leit-OFD übersandt haben, ist diese beauftragt, auf der Grundlage der IABG-Untersuchungen den weiteren Handlungsbedarf bezüglich altlastenrelevanter Untersuchungen (nicht Schutz- und Beschränkungsmaßnahmen) zu konkretisieren und weitere Untersuchungen zu veranlassen. Der Verfahrensablauf ist wie folgt festgelegt:

Die Gefährdungsabschätzung mit den Vorschlägen zum weiteren Vorgehen und einer Kostenschätzung sind zeitgleich dem BMBau und dem Projektmanagement der Leit-OFD zur Prüfung vorzulegen. Bei dringenden Fällen wird vom BMBau angestrebt, in Wochenfrist den Bauauftrag zu erteilen.

## 3. Zusammenfassung

Die Planungen und Ausführungen der Sicherungen und Sanierungen belasteter Böden auf Liegenschaften des Bundes werden vom Bund als Baumaßnahmen behandelt. Zuständig für die Durchführungen von Baumaßnahmen des Bundes sind die Finanzbauverwaltungen der Länder. Für die Aufstellung von zentralen Datenbanken und Unterstützung der zuständigen Bauverwaltungen bei der Planung und Ausführung von Erkundungs-, Sicherungs- und Sanierungsarbeiten ist die Oberfinanzdirektion Hannover als Leit-OFD eingesetzt worden.

Ein wesentliches Instrument für die Weitergabe von Erfahrungen der Leit-OFD an die zuständige Bauverwaltung stellt das „Vorläufige Handlungskonzept" der OFD Hannover dar, in dem alle wesentlichen Unterlagen für die Durchführung derartiger Arbeiten enthalten sind.

# Verfahren zur qualitätssichernden Steuerung und Kooperationserfahrungen bei der Erarbeitung des Projekts Ermittlung von Altlastverdachtsflächen auf den Liegenschaften der Westgruppe der Truppen (WGT)

Horst Popp

## 1. Das Projekt WGT

Im Rahmen dieses Projektes läßt das Bundesministerium für Umweltschutz, Naturschutz und Reaktorsicherheit (BMU) im Einvernehmen mit dem Bundesministerium der Finanzen die Altlastenverdachtsflächen auf den Liegenschaften der WGT flächendeckend ermitteln. Ziele des Projekts sind:

1. die Altlastverdachtsflächen auf den ehemals von der WGT genutzten Liegenschaften im Zuge der Übergabe an die Bundesvermögensämter (BVAs) zu erfassen, zu beschreiben und zu dokumentieren.
2. Sofortmaßnahmen zur unmittelbaren Gefahrenabwehr in Zusammenarbeit mit den zuständigen Fachbehörden einzuleiten.
3. Erstbewertungen als Grundlagen für eine Prioritätensetzung und eine evtl. notwendige spätere detaillierte Gefährdungsabschätzung zu erstellen.
4. Gefährdungsabschätzungen für ausgewählte Liegenschaften durchzuführen, die darauf aufbauend eine Schadensbegutachtung sowie eine erste Abschätzung des finanziellen Aufwands für Sanierungen ermöglichen.

Das Projekt gliedert sich in 3 aufeinander aufbauende Hauptgruppen (Abb. 1):

Im *Teilprojekt A* wird eine flächendeckende Bestandsaufnahme vorgenommen. Diese erfolgt auf Basis von Recherchen sowie des im Rahmen des Projektteiles beschafften, aufbereiteten und ausgewerteten Abb.- und Kartenmaterials. Erkennbare Altlastverdachtsflächen werden hier eingegrenzt und dokumentiert. Die Ergebnisse der photogrammetrischen Auswertungen von Luftbildern sowie das vorgenannte Kartenmaterial bilden u. a. auch dann die Grundlage für die im *Teilprojekt B* durchzuführenden Begehungen zur Erfassung der Altlastverdachtsflächen. Für diese Aufgaben werden Partnerfirmen aus den neuen Bundesländern eingesetzt. Im *Teilprojekt C* werden Schadensgutachten von ausgewählten Liegenschaften erstellt. Die Auswahl erfolgt auf Grundlage der Prioritätensetzung aus dem Teilprojekt B. Die Schadensgutachten enthalten eine Gefährdungsabschätzung und ermöglichen auf der Basis von Sanierungskonzeptionen bereits erste Kostenschätzungen. Wie im Teilprojekt B werden für die Gefährdungsabschätzungen Fachfirmen gemäß der Vorgabe des Auftraggebers beauftragt; die fachliche Koordination sowie die organisatorische und kostenseitige Verantwortung liegt bei der IABG, Bereich Umwelt.

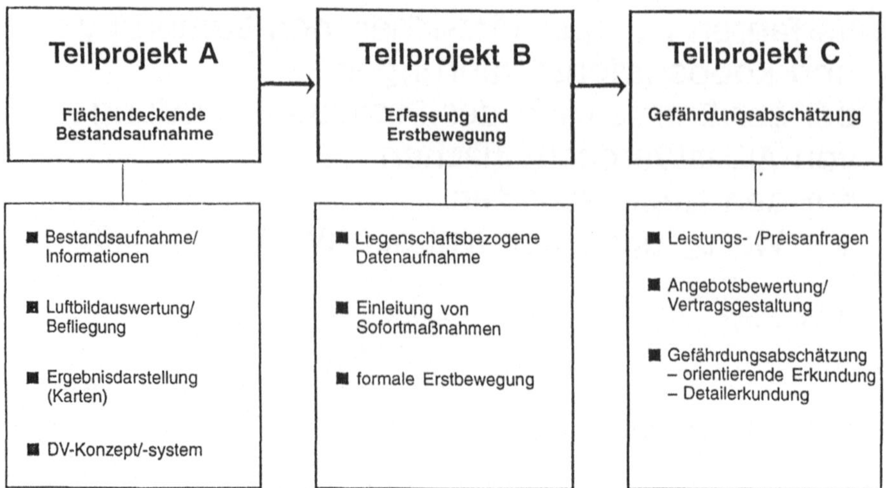


**Abb. 1.** Ermittlung von Altlastverdachtsflächen

## 2. Problemstellung

Die Altlastverdachtsflächen der WGT sind auf über 1100 Liegenschaften mit insgesamt ca. 250.000 ha zu erfassen, wobei ein Großteil dieser Liegenschaften–entsprechend des nicht im einzelnen planbaren Freizuges durch die WGT bzw. wegen des flächenmäßigen Umfanges der jeweiligen Liegenschaft–in Teilflächen bearbeitet werden muß. Bei den Liegenschaften werden 9 Kategorien gemäß der bisherigen Nutzung unterschieden, wobei Liegenschaftsgrößen von wenigen Quadratmetern bis ca. 28.000 ha vorliegen. Umfang und Komplexität dieses Großprojektes wird vollends deutlich, wenn man sich vor Augen führt, daß je Liegenschaft im Mittel etwa 1520, maximal aber bis ca. 1900 Altlastverdachtsflächen zuverlässig und unter Maßgabe einer gleichwertigen und damit fachlich vergleichbaren Beurteilungs- und Betrachtungsweise aufzunehmen sind.

Aufgrund der Komplexität dieser umfangreichen Aufgabenstellung kann die Bearbeitung der auf die neuen Bundesländern Deutschlands verstreuten Liegenschaften nur mit einer größeren Zahl von Partnerfirmen in den neuen Bundesländern bewältigt werden. Die Mitarbeit ortsansässiger Firmen gewährleistet einerseits, daß wichtige Detailkenntnisse in das Projekt einfließen, und andererseits, daß ca. zwei Drittel des Finanzvolumens dieses Projekts der Wirtschaft in den neuen Bundesländern zugute kommen.

Die Sicherstellung einer gleichbleibenden Qualität ist höchste Priorität einzuräumen.

## 3. Qualitätsbestimmende Elemente bei Durchführung des Projekts

Die im folgenden dargestellten Elemente beinhalten Maßnahmen und Instrumentarien auf der Grundlage des Qualitätsmanagements der IABG. Es wird dabei das Bearbeitungsspektrum von der Schaffung der Voraussetzungen bis zur kaufmännischen Bearbeitung abgedeckt. Im Hinblick auf einen angemessenen, sparsamen Einsatz der zur Verfügung gestellten Finanzmittel ist letzterer Aspekt neben der fachlich einwandfreien und vollständigen Bearbeitung besonders wichtig.

### a) Planung

Basis des Projekts und damit qualitätsbestimmendes Element ist eine angemessene Planung der Abläufe. Neben der selbstverständlichen Strukturierung des Projektes und der Erstellung der für die Arbeitspakete erforderlichen Arbeitspläne, Mengenansätze und Kostenpläne kommt hier dem Qualitätssicherungs-Plan eine entscheidende Rolle zu (Abb. 2). Der über 2000mal wiederkehrende Projektbaustein „Begehungen" mit seinen Einzelschritten und Qualitätsprüfschritten muß zwingend standardisiert und formalisiert sein. Die Verantwortlichkeiten für die Durchführung der Arbeits- und Prüfschritte sind genau geregelt. Für fast jede Aufgabe innerhalb des Projektbausteins „Begehungen" ist eine formalisierte Vereinheitlichung der Vorgehensweise und der Durchführung notwendig, da eine individuelle Bearbeitung und Berichterstattung die Weiterverarbeitung der Daten im

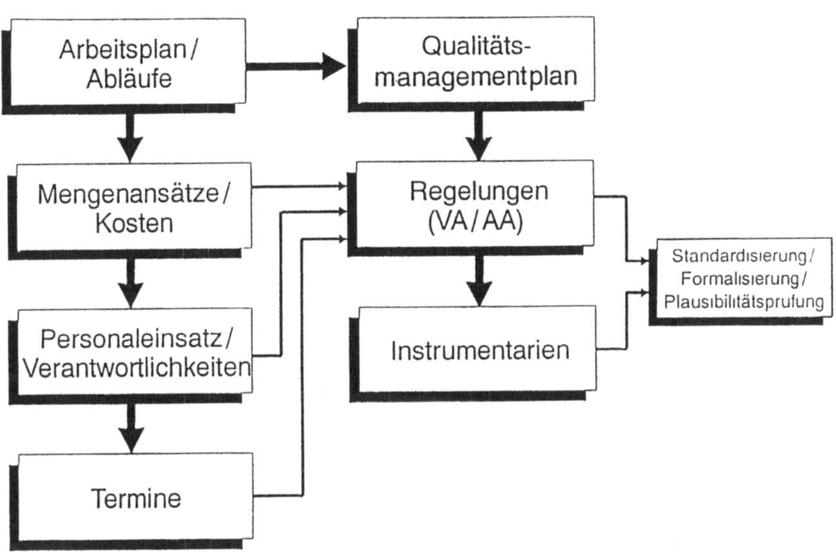


**Abb. 2.** Planung unter Qualitätsaspekten

Projektablauf extrem erschweren und die Vergleichbarkeit der Ergebnisse unmöglich machen würde.

### b) Auswahl der Partnerfirmen

Äußerst wichtig unter dem Gesichtspunkt Qualität ist die Auswahl des richtigen Unterauftragnehmers. Deshalb muß sich – auch im Hinblick auf einen effizienten Umgang mit öffentlichen Mitteln – jeder einzelne potentielle Vertragspartner einem Auswahlverfahren stellen (Abb. 3).

Zum Projektbeginn wurden im Einvernehmen mit den Umweltministerien der betreffenden Länder von der IABG ca. 30 Firmen (bzw. Firmenfilialen) im Hinblick auf ihre Eignung zur Übernahme liegenschaftsspezifischer Gutachtertätigkeiten im Rahmen des Projekts überprüft.

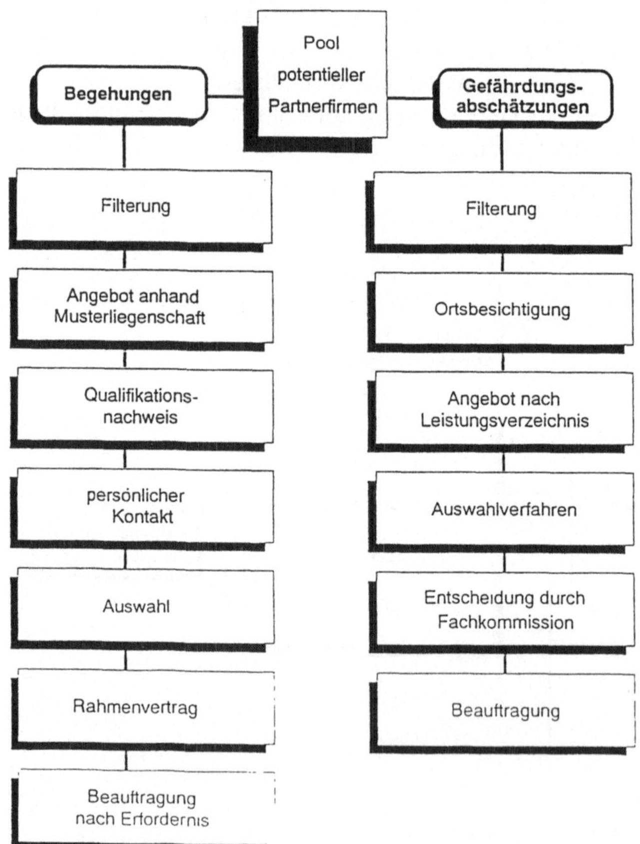


**Abb. 3.** Auswahl von Partnerfirmen

Zur Beurteilung der fachlichen Kompetenz und der zu erwartenden Kosten wurden die Firmen zur Abgabe von Angeboten einer sogenannten „Musterliegenschaft" aufgefordert. Die Firmen hatten daneben auch Qualifikationsprofile des einzusetzenden Fachpersonals vorzulegen. Ein weiterer Beurteilungsschritt für die Auswahl der geeignetsten Partnerfirmen waren zuletzt persönliche Gespräche an den jeweiligen Firmensitzen.

Auf dieser Basis wurden – länder- und gebietsbezogen – unter Wettbewerbsbedingungen 20 Partnerfirmen ausgewählt. Mit ihnen wurden Rahmenverträge abgeschlossen, worin neben kostenseitigen Vereinbarungen die Leistungsspezifikation, die regionale Zuordnung, liegenschaftsbezogene Leistungsvereinbarungen, Angebots- und Abrechnungsmodalitäten, Arbeitsschutz- und Strahlenschutzkonzept sowie die fachlichen Vorgaben, insbesondere ein Leitfaden für Begehungsteams, enthalten sind. Diesen Firmen wurden dann im Rahmen einer ersten Workshopveranstaltung die Vorgehensweise im Projekt, Details zur Bearbeitung, der kostenseitigen Abwicklung und nicht zuletzt der Qualitätsanforderungen eingehend erläutert.

Im bisherigen Verlauf des Teilprojekts B wurden durch Ausscheiden einzelner Partnerfirmen „Nachrücker" vertraglich eingebunden. Sie wurden den gleichen Prüfmodalitäten unterworfen.

Seit Projektbeginn hat sich eine große Zahl im Umweltsektor tätiger Firmen und Institute ihre Mitarbeit angeboten. Es befinden sich darunter alle hier relevanten Sparten der Umwelttechnik. Es kann daher inzwischen aus einem umfangreichen Spektrum an fachlicher Orientierung und Kompetenz geschöpft werden. Für die Gefährdungsabschätzungen, die nur für wenige ausgewählte Liegenschaften durchgeführt werden, wird notwendigerweise ein individuelles, bereits auf die betroffene Liegenschaft zugeschnittenes Auswahlverfahren praktiziert:

Aus einer Datenbank wird eine Gruppe von 10–20 potentieller Partnerfirmen für den Einzelfall einer liegenschaftsbezogenen Gefährdungsabschätzung herausgefiltert. Die Suchkriterien sind die fachliche Spezialisierung und Kompetenz sowie die Leistungsfähigkeit bezogen auf die zu bewältigende Aufgabe und orientiert an der regionalen Lage der Liegenschaft.

Eine weitere, vertiefte Prüfung muß klären, ob z.B. aufgrund des Analysebedarfs das in Frage kommende Labor akkreditiert ist. Die nach dieser Überprüfung verbleibenden Firmen werden zu einer Erstbegehung eingeladen, wobei anläßlich der erforderlichen Ortsbesichtigung die wesentlichen Teile des Berichtes der Begehung (Teilprojekt B) als Datenbasis erhalten. Sie werden aufgefordert, anhand eines mitüberreichten, standardisierten Leistungsverzeichnisses innerhalb einer angemessenen Frist ihr Angebot abzugeben. Das Leistungsverzeichnis zwingt einerseits den Anbieter wegen der erforderlichen Vergleichbarkeit zu genau definierten Verfahren im einzelnen, bietet aber aufgrund der möglichen Verfahrensspektren in ihrer Zusammenstellung und den Vorgehensweisen insgesamt großen fachlichen Spielraum. Bei der Prüfung der Angebote werden die Qualität des Angebots, das Konzept der fachlichen Bearbeitung, die Methodenauswahl und die Kosten verglichen. Kommt eine Firma in die engere Wahl, muß letztendlich noch ihre Bonität als eventueller Vertragspartner geprüft werden.

Die in die Endauswahl gelangten Firmenangebote für die jeweilige Gefährdungsabschätzung - in der Regel werden durch die IABG zwei vorgeschlagen - werden einer Fachkommision, in denen u.a. auch Vertreter des Landes, des Umweltministeriums und des Umweltbundesamtes Sitz und Stimme haben, vorgestellt und eingehend diskutiert. Auf dieser Basis wird abschließend entschieden.

### c) Beauftragung im konkreten Einzelfall

Aus Qualitäts- und Kostengründen ist bei den Beauftragungen eine sorgfältige und genaue Abgrenzung und Definition der zu leistenden Arbeit des Unterauftragnehmers erforderlich.

Für Begehungen im Teilprojekt B wird die regional ansässige Partnerfirma auf Basis des Rahmenvertrags beauftragt. Dieser Beauftragung ist jedoch eine erste Begehung mit Abschätzung der voraussichtlich zu erbringenden Leistung im Rahmen der Übergabe der Liegenschaft durch die WGT sowie ein in einem festgelegten Standard abzugebenes Angebot bereits vorangegangen. Erst die Übereinstimmung beim fachlichen und kostenseitigen Vergleich des Angebots mit der „liegenschaftsbezogenen Leistungsvereinbarung" und dem Erstbegeherprotokoll läßt eine Beauftragung zu.

Für Gefährdungsabschätzungen ist im Rahmen der Auswahlverfahrens die Entscheidung, welche Fachfirma die Bearbeitung der jeweiligen Liegenschaft übernimmt, bereits gefallen. Vor der Beauftragung durch die IABG ist jedoch nach den Gegebenheiten der Beprobungsplan etc. noch detailliert zu besprechen, der effektive Arbeitsumfang endgültig festzulegen und auf dieser Basis die vertragliche Fixierung vorzunehmen.

### d) Koordination der Durchführung

Als Grundlage für eine sachgerechte Bearbeitung zum Erhalt vergleichbarer Ergebnisse sind aufbauend auf eine gute Projektplanung

- einheitliche Spielregeln (Regelungen/Vereinbarungen, Verfahrensanweisungen, Arbeitsanweisungen),
- einheitliche Instrumentarien und
- Standardisierungen bei der Bearbeitung und der Dokumentation der Ergebnisse notwendig.

Darüber hinaus bestätigt sich aus den bisher gemachten Erfahrungen, daß eine intensive Koordinationsarbeit, die im Rahmen der Betreuung laufend stattfindende fachliche Kontakte, die Einweisung in die zu verwendende DV-Software, Information, Kontrolle und Motivation beinhaltet, einen wichtigen Qualitätsfaktor darstellt (Abb. 4). Daneben sind selbstverständlich den behördlichen Vorschriften und den gesetzlichen Bestimmungen Rechnung zu tragen.

Für die über 2000 Begehungen im Teilprojekt B wurde den Partnerfirmen ein Leitfaden übergeben, der die „Spielregeln" für ihre Auftragsarbeit im einzelnen darlegt. Sie erhalten zudem u. a. Definitionen, Schadstofflisten und Übersichten über Standorttypen etc.

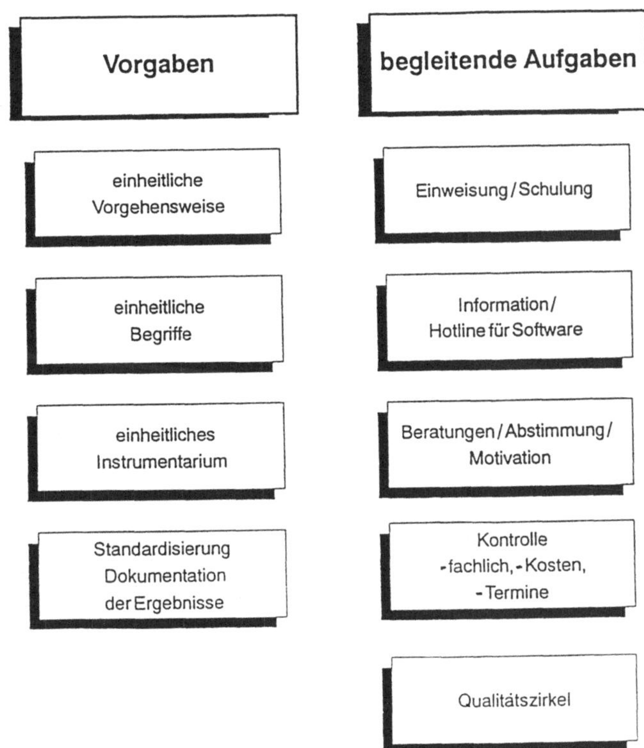


**Abb. 4.** Koordination nach Qualitätskriterien

Die Aufnahme der Daten erfolgt über eine für die Erfassung von Altlastenverdachtsflächen speziell zugeschnittene Software, die die IABG den Unterauftragnehmern zur Verfügung stellt. Hierbei wird eine Kanalisierung, Standardisierung sowie eine begrenzte Plausibilitätsprüfung erzwungen. Es sollte erwähnt werden, daß eine standardisierte Erstbewertung in dieser DV-Software integriert ist.

Die Ergebnisse übergibt die jeweils eingeschaltete Fachfirma in Form einer standardisierten Begehungsdokumentation (Bericht) und in Form von Disketten (Datenbank).

Im Rahmen der Gefährdungsabschätzungen (Teilprojekt C) liegt der Schwerpunkt der Koordinationsarbeit auf der Ebene besonders intensiver Zusammenarbeit mit den Partnerfirmen. Aufgrund ständig neuer Erkenntnisse im Zusammenhang mit der Erkundung der jeweiligen Liegenschaft ergibt sich die Notwendigkeit der Anpassung von Vorgehensweisen. Deshalb wird in häufig stattfindenden Beratungsterminen mit der jeweiligen Partnerfirma das weitere Vorgehen festgelegt. Bei kostenwirksamen Änderungen wird ein vertragswirksamer Nachtrag erforderlich. Daneben wird bei dem Verfahren das Ziel konsequent verfolgt, die kostenseitige Kontrolle sicherzustellen.

### e) Qualitätsarbeit, Qualitätsprüfungen

Qualitätsprüfungen haben nur dann den erwünschten Nutzen,

- wenn eine ausreichende Planungsbasis vorliegt,
- eine sorgfältige Auswahl des geeigneten Vertragspartners vorgenommen wurde,
- dieser ausreichend betreut wird,
- nach exakten Vorgaben sowohl die Arbeit als auch die Prüfungen abgewickelt werden und
- der lückenlosen Nachweis über alle Prüfschritte erbracht wird.

Die erforderlichen Prüfschritte sind im Qualitätssicherungsplan enthalten. Die Prüfungen erfolgen formalisiert anhand von Checklisten u.ä. auf der Basis der Prüfvorschriften. Die Zuständigkeiten der Qualitätsprüfer sind festgelegt.

Für die Begehungen wird ein dreistufiger qualitätssichernder Ablauf praktiziert (Abb. 5):

- Der jeweils fachlich zuständige Bearbeiter (Betreuer) in der entsprechenden IABG-Niederlassung (Berlin bzw. Leipzig) unterstützt und berät die Partnerfirma bei der Erfassung und bei der Erstellung der Begehungsdokumentation.
- Qualitätskontrolleure überprüfen in einer 2. Stufe die Dokumentationen auf der Basis von Checklisten sowie Mängellisten aus der 1. Stufe. Bei Beanstandungen wird darauf Wert gelegt, daß nicht mehrfach Nachbesserungen erfolgen müssen. So werden spätestens in einem 2. Durchgang in direktem

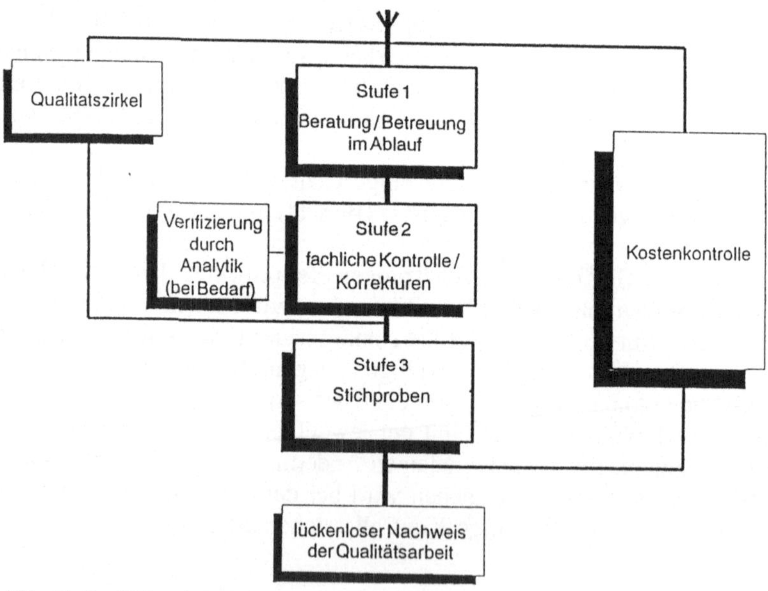


**Abb. 5.** Qualitätsarbeit/Qualitätsprüfungen

Gespräch die Mängel besprochen und behoben, damit die grundlegenden Erhebungsdaten und erforderlichen Aussagen zuverlässig vorliegen. Ergänzt wird die qualitätsseitige Prüfung nach Bedarf auch durch Einschaltung des hausinternen Analytik-Labors in Leipzig.
- Es wird letztlich noch eine stichprobenartige Überprüfung der Begehungsdokumentationen (Berichte) durch den Projektqualitätsmanager durchgeführt. Mit der Einspeisung der auf Diskette befindlichen Daten der Altlastenverdachtsflächen wird zudem eine Plausibilitätsprüfung durchgeführt.

Die kostenseitige Kontrolle erfolgt durch Vergleich des Angebotes mit dem Aufwandsnachweis. Die Vergleichbarkeit wird durch Formalisierung und Standardisierung erreicht. Bei Diskrepanzen wird eine genauere Prüfung eingeleitet. Erst nach Klärung und Nachweis sowie Akzeptierbarkeit des Aufwandes wird die Freigabe einer Kostenerstattung vorgenommen.

Ergänzt wird die Qualitätsarbeit durch regelmäßige Qualitätszirkel, in denen die Beteiligten entstandene Qualitäts- und Ausführungsprobleme ausführlich erörtern können. Damit wird erreicht, Schwierigkeiten abzustellen. Bei Notwendigkeit werden Verfahren und Abläufe oder auch Instrumentarien angepaßt. Der Aufbau, die Aktualisierung und die Abwicklung der Qualitätsarbeit im Projekt wird hausintern vom Qualitätsbeauftragten des Bereichs unterstützt und in Reviews und Audits auf sachgerechte Durchführung überprüft.

## 4. Kooperationserfahrungen

Der Erfahrungsstand und die Ausstattung der beteiligten Partnerfirmen war zu Projektbeginn sehr unterschiedlich. Dies wurde besonders auf dem Sektor der Datenverarbeitung deutlich. Zusätzlich bestanden noch viele technische und infrastrukturelle Kommunikationshürden.

Im Verlauf des Projektes haben sich 5 Schwerpunkte herausgeschält, die über den Grad des Erfolges eines Projektes mit vielen Unterauftragnehmern und einer sehr großen Zahl fachlicher Einzelheiten entscheiden:

### a) Gründliche Einarbeitung der Partnerfirma

Darunter fallen alle Einweisungstätigkeiten für Leitfaden, Richlinien, Gebrauch von Formblättern vom Angebot bis zur Berichterstattung, die Handhabung der bereitgestellten Software, die Erläuterung und Besprechung von Definitionen sowie die Vermittlung einer Gesamtschau bezüglich des Projektes. Bei einer gewissenhaften Einarbeitung sollten auch die Besonderheiten der jeweiligen Firma ausreichend Berücksichtigung finden.

### b) Intensive Betreuung der Partnerfirma

Sie gewährleistet u.a., daß der notwendige Projektkenntnisstand des Partners durch Information auf dem erforderlichen Niveau bleibt. Dazu eignen sich neben der laufenden Unterstützung besonders Workshops und Qualitätszirkel.

Aktualisierungen von Abläufen und Verfahren sollten am besten in gemeinsamer Arbeit entstehen, da sie dann auch die erforderliche Akzeptanz finden.

### c) Rechtzeitiges regulierendes Eingreifen

Rechtzeitiges regulierendes Eingreifen bei sich andeutenden Problemen ist besonders wichtig, da definitive Ergebnisse erst nach der erforderlichen Bearbeitungszeit vorliegen und Abweichungen von Standards erst dann offensichtlich werden. Es wird damit sichergestellt, daß sich kein schädliches „Eigenleben" entwickeln kann. Dieser Sachverhalt hat ihre Entsprechung in einem Regelkreis.

### d) Konstante Betreuung durch die Ansprechpartner

Es hat sich gezeigt, daß eine vertrauensvolle Zusammenarbeit durch einen dauernd zuständigen Betreuer als wichtiger Qualitäts- und Erfolgsfaktor anzusehen ist. Mit der personellen ist auch eine regionale Zuordnung verbunden, wobei durch gute Ortskenntnis ein weiterer positiver Aspekt gegeben ist.

### e) Hausinterne Koordination

Die Betreuer der Partnerfirmen benötigen auch intern eine gute Information und Kommunikation, um in der Zusammenarbeit mit den Partnerfirmen nach gleichen Gesichtpunkten und gemäß der jeweiligen aktuellen Projekterfordernissen agieren zu können.

In der Summe kann folgendes festgestellt werden: Es hat sich im bisherigen Projekt-verlauf eine sehr positive und konstruktive Zusammenarbeit mit den Partnerfirmen entwickelt. Ein gleichmäßig über die Partnerfirmen verteiltes hohes Qualitätsniveau konnte nicht zuletzt durch wechselseitige Lerneffekte sichergestellt werden.

# Überlegungen zur Preisgestaltung, Honorierung und Festlegung von Kriterien bei der Erfassung von Altlastverdachtsflächen

Hans-Walter Borries

Das Arbeitsfeld der Altlastenerfassung erscheint seit annähernd 8 Jahren durch zahlreiche Leitfäden, Wegweiser und Handbücher der jeweiligen Umweltministerien sowie durch Einzelpublikationen hinreichend erforscht (vgl. Literaturverzeichnis). Es fehlen jedoch bis heute ausreichende Vergleichskriterien, die eine vergleichbare Überprüfung von Angeboten und Aufträgen hinsichtlich ihrer Preisgestaltung/Honorierung und Leistungsgüte/Qualität des Gutachtens ermöglichen.

Es scheint, als sei es selbstverständlich, daß im Zuge des Wettbewerbs immer der richtige und optimale Weg – mit den besten Quellen, unter Einsatz der hochwertigsten Auswertungsmittel von Informationsquellen – beschritten und eine bestmögliche Datenaufbereitung betrieben wird.

Dies setzt allerdings voraus, daß die Standards der Erfassung, hier das Sammeln von Informationsquellen in allen bekannten (und zugänglichen) nationalen und internationalen Archiven, die Analyse der Daten mittels technisch hochwertigen Geräten und das Abspeichern der gewonnenen altlastrelevanten Informationen (zur Lage und Nutzungsgeschichte, Art der Verdachtsfläche etc.), allen Anbietern und Nachfragern im Markt bekannt sind und die Vorgehensweisen auch eingehalten werden.

Leider, und dies bestätigen die Erfahrungen in Gesprächen mit Behördenvertretern und Privatfirmen, führt vielfach immer noch ein Informationsmangel über einzelne Spezialdisziplinen der Erfassung zu Fehleinschätzungen in der Preis-/Leistungsgestaltung. Darüber hinaus können, bedingt durch den Wettbewerb in einem noch recht jungen Arbeitsfeld, durchaus Verzerrungen im Preisgefüge auch zu negativen Beeinflussungen im Bereich Qualitätserhaltung/-sicherung führen. Allerdings scheint heute mehr denn je das Gebot zur Qualitätssicherung eines der gefragtesten Argumente für eine fachgerechte und preislich vertretbare Erfassung zu sein.

So gilt es zu fordern, daß die Arbeitsschritte der Erfassung und Erstbewertung in Zukunft eine ebenso starke Beachtung wie die Arbeitsschritte der Gefährdungsabschätzung und Sanierung erhalten sollten. Dies setzt allerdings voraus, daß die Defizite im Arbeitsfeld Erfassung offen diskutiert und nach realistischen Lösungen gesucht wird.

## 1. Die Vergabepraxis bei Anfragen/Aufträgen zur Altlastenerfassung

Viele Untersuchungen im Bereich Standortanalyse, z. B. die Erkundung und Gefährdungsabschätzung von Industriestandorten oder Deponien, sehen vor, daß ein Anbieter generell das gesamte Leistungsspektrum von der Erfassung bis zur Sanierung bearbeitet. Oftmals werden dann im Unterauftrag (teilweise als „Subsubauftrag") Teilschritte, wie z. B. die Erfassung, vergeben.

Ein direkter Vergleich der Erfassungsangebote von Firmen, die die Gesamtleistung anbieten, mit denen, die nur eine Teilleistung – hier z. B. die Karten-, Luftbild- und Aktenauswertung – anbieten, zeigt, daß die Teilleistungsanbieter durchweg höhere Kosten veranschlagen.

So kann z. B. bei der Karten- und Luftbildauswertung eines Industriestandorts die Untersuchungskosten bei ca. 25.000 DM liegen. Hiervon nehmen allein die Material-kosten (ohne umfangreiche Recherche nach Kriegsluftbildern und Kriegsschadensberichte in den USA und/oder Großbritanien, diese Kosten können bis zu 10.000–15.000 DM betragen) für Luftbilder und Karten immerhin einen Posten von 3.000–5.000 DM ein. Ein Anbieter des Gesamtpaketes Altlasten berechnet dagegen für die Karten- und Luftbildauswertung einen Posten von insgesamt 5.000–10.000 DM.

Hinter diesem Beispiel verbirgt sich, daß die Phase der Erfassung eines Standorts mit realistischen Kosten von 8.000–25.000 DM, sogar 50.000 DM, als Akquisistionsleistung bei einer Gesamtbeauftragung in Millionenhöhe vergleichsweise niedriger im Preis gehandelt werden kann.

Erstaunlich erscheint auch die Tatsache, daß später viele Gesamtauftragnehmer wieder einzelne Teilleistungsauftragnehmer beauftragen, die nunmehr auch zu niedrigen, nicht den Leistungen deckenden Preisen anbieten (müssen).

Da bei jeder Weiterbeauftragung quasi ein Projektmanagementanteil von ca. 5–10 % bei der Weitervergabefirma angesetzt werden muß, stellt sich die interessante Frage, wie hoch die eigentlichen Gewinne (oder Verluste) sind bzw. was die eigentliche Leistungsphase noch umfassen kann.

Um die Qualitätssicherung der Arbeiten inhaltlich und qualitätsmäßig zu erhalten, sollte in Zukunft der anhaltende Trend zur Spezialisierung der Leistung auch im Sinne einer Qualitätssicherung stärker die Aufteilung von Gesamtleistungspaketen vorsehen. Ein Generalauftragnehmer sollte – wenn er nachweislich nicht alle Teilgebiete mit den bestmöglichen Referenzen und Gerätschaften abdecken kann – schon im Vorfeld die Qualifikation der eingesetzten Unterauftragnehmer sowie deren Preis für Teilleistungen nennen. Eine spätere Beauftragung von Unterauftragnehmern sollte der ausdrücklichen Genehmigung durch den Auftraggeber bedürfen. Dies verhindert zumindest, daß auf Umwege im nachhinein leistungsfähigen Teilleistungsfirmen quasi als „Subsubunternehmer" zu Niedrigpreisen qualitativ hochwertige Leistung abgefordert wird (oder zu Niedrigpreisen eine mindergute Leistung dargeboten wird).

Sofern Projekte, die sich nur auf die Erfassung ggf. auch auf die Erstbewertung von Altlastverdachtsflächen beschränken, getrennt von den Aufträgen zur Gefährdungsabschätzung angefragt werden, kann man generell folgendes

Verhältnis zwischen Angebotsanfragern (potentielle Auftraggeber) und Anbietern von Leistungen (potentielle Auftragnehmer) definieren:

Im Rahmen von öffentlichen Aufträgen (mit Kommunen) wird im Rahmen einer öffentliche Ausschreibung das Anbieterfeld nach Preisen und Leistungen abgefragt. Dabei kann es durchaus passieren, daß sich zahlreiche, nicht direkt angefragte Betriebe mitmelden und der Kreis der Anbieter stark erweitert wird.

In einem bekannten Fall hatte eine Kommune (Umweltamt) für ein Erfassungsprojekt in Höhe von ca. 100.000 DM über 300 schriftliche Angebote erhalten. Setzt man voraus, daß in jedem Betrieb ein qualifiziertes Team mindestens 2 Tage für eine individuelles Angebot gearbeitet hat (zuzüglich Schreib- und Kopierleistungen, z. T. mit umfangreichen Vorrecherchen inkl. Reisekosten in in- und ausländischen Archiven), lassen sich Akquisitionskosten pro Betrieb von 2.000–5.000 DM ansetzen. Dabei scheinen diese Preisansätze für die Akquisitionsphase noch eher gering, da die Akquisisitionskosten bei größeren Angeboten, z. B. bei Gebietsinventuren ganzer Landkreise/Städte, leicht bis zu 15–20 % der möglichen Auftragssumme einnehmen können.

Zum vorliegenden Fall bedeutet dies, daß von der Anbieterseite her ein Akquisistionsvolumen von 600.000 DM bis zu 1.500.000 DM veranlagt worden ist (und damit dieser Betrag als Leistung der Volkswirtschaft entzogen wurde). Umgekehrt mußten vom Anfrager der Leistung (hier die Kommune) über 300 Angebot mit unterschiedlichen Leistungstexten und Preiskalkulationen verglichen und ausgewertet werden. Veranschlagt man hierzu etwa 3 Mitarbeiter, die mit dieser Aufgabe ca. 3 bis 4 Monate beschäftigt sind, so fallen weitere 120.000–150.000 DM an Personalkosten auf der Seite der Verwaltung an. Hinzu kommt, daß diese Verwaltungsbediensteten für andere Projekte fehlen. Im Ergebnis bekommt dann nach 3–4 Monaten eine Firma den Auftrag, und 299 Firmen treten nunmehr einen verstärkten Wettbewerb an, was auch zu einer „Anheizung der Konkurrenzfirmen" des an sich schon sehr gespannten „Altlastenerfassungsmarktes" führt.

Um hier Abhilfe zu schaffen, läßt sich folgendes festhalten:

Einige Auftraggeber fordern, bis zu 5 Fachfirmen auf eine qualifizierte Angebotsstellung einzureichen. Hierbei können natürlich vorab zu besseren Vorsondierung des Marktes mehrere Firmen mündlich angefragt werden. Es sollte jedoch vermieden werden, daß sich nunmehr die Angebotseinholung als mündlicher Teil einer öffentlichen mündlichen Ausschreibung entwickelt, da auch hier die Angebotskosten und -zeiten in etwa mit der schriftlichen Abfassung gleichzusetzen sind (s. Teil oben).

Ideal wäre, wenn z. B. 3–5 angefragte Büros für die Erstellung eines qualifizierten Angebotes ein einmaliges Honorar erhalten würden. Auch hier zeigt die Praxis, daß dies möglich ist und zu guten Ergebnissen führt. So wurden von einer Kommune bis zu 4 Anbieter für die Angebotserstellung mit einem Honorar von bis zu 5.000 DM versehen. Die Angebote lagen von ihrer Qualität deutlich über den sonst sehr allgemeinen Angeboten bei einer „großen Ausschreibung", ja sie hatten teilweise den Charakter von Vorabuntersuchungskonzepten, was wiederum dem Auftraggeber zugute kommt.

Eine weitere Variante im Vergabealltag ist das Vergeben von Einzelaufträgen an nur einen Anbieter. Aufgrund von guten Erfahrungen in anderen vorherigen Projekten, vereinzelt auch bedingt durch das (marktführende) bürospezifische Leistungspotential auf dem Markt, werden oft Aufträge zur Erfassung bis zu einer gewissen Auftragsumme (z. B. von 20.000 bis zu 25.000 DM) direkt vergeben.

Sicherlich kann man dieses Vorgehen damit begründen, daß oftmals der große Zeit- und Handlungsdruck (z. B. bei Stillstandszeiten an einer Baustelle mit hohen Kosten infolge akut auftretender Altlastenverdacht) ein kurzfristiges Vorgehen ohne lange Angebotsfindung nötig macht. Demgegenüber bleibt gerade bei öffentlichen Aufträgen die Notwendigkeit bestehen, daß die Umweltausschüsse als fachliche Beratungs- und Prüfinstanzen (vor dem eigentlichen Rechnungshof) der Kommune bei diesem Vorgehen das Recht zur Anhörung und Diskussion und damit eine ihrer wesentlichen Aufgaben als politische Fachvertreter der einzelnen Fraktionen und Vertreter von Interessengruppen verlieren.

Hier kann nur im Einzelfall die richtige Entscheidung gesucht werden. Desweiteren verlieren bei dieser Vergabevariante neu gegründete, junge Firmen die Möglichkeit, mit innovativen Ideen und Leistungen in den Markt zu treten.

Eine mögliche Lösung könnte das Festlegen von Preisgrenzen für eine derartige Vergabe sein. „Kleinaufträge" in der Erfassung mit Kosten unter einer zu definierenden Höhe (z. B. 10.000 DM) sollten bei einem zu rechtfertigenden akuten Handlungsbedarf frei vergeben werden. Höhere Summen sind generell über die Fachausschüsse unter Einholung von mindestens zwei weiteren Konkurrenzangeboten zu prüfen.

Damit stellen sich zwangsläufig folgende Frage:

- Wie werden Angebote geprüft?
- Welches sind die Leistungskriterien für ein Angebotsleistung?
- Was sind die Entscheidungskriterien für eine Beauftragung?

Öffentliche Aufträge im Erfassungsbereich werden in der Regel zur finanzrechtlichen Prüfung den Rechnungsprüfungsämtern vorgelegt. Dort findet in der Regel ein Vergleich der Angebotspreise sowie der rechtlichen Form von Gutachten statt (Haftungswahrung, rechtsverbindliche Unterschriften etc.). Dem Kriterium des Niedrigpreises wird bei einer Ausschreibung und vergleichenden Angebotseinholung am höchsten Rechnung getragen; ist doch der Preis für eine „an sich gleiche" Leistung das stichhaltigste Argument. Anbieter mit Niedrigpreisen (auch auftretende Dumpingpreise, um in den Markt einzutreten), werden so bestärkt, ohne auf Inhalt und Qualität der Leistung zu achten. Demgegenüber können höher qualifizierte Angebote bei der Vergabe benachteiligt werden, da das Kriterium „Leistung" dem des „Preisvergleichs" nachsteht.

Es gilt zu fordern, daß alle Prüfkriterien gleichwertig und gemeinsam bei einer Vergabeentscheidung zu Rate gezogen werden.

Dies setzt allerdings voraus, daß alle

- nach den gleichen Kriterien anbieten,
- über die gleiche technische Geräteausstattung und

- über die gleichen hochqualifizierten Mitarbeiter verfügen sowie
- alle die gleichen Zeitsequenzen mit gleicher Intensität und Güte auswerten und aufbereiten.

Insgesamt sind dies so viele Variablen (vgl. hierzu auch Anhang A, S. 55–57) in einem Vergleich, der über keine standardisierten Leistungskriterien verfügt, daß nur sehr selten (wenn gar überhaupt nicht) die Vergleichbarkeit gewahrt ist. Es versteht sich eigentlich von selbst, daß das Kriterium „Preis allein betrachtet bzw. mit der hohen Priorität versehen, kein aussagekräftiges Vergabekriterium ist.

## 2. Wie werden Leistungen von Anbietern angefragt – Verbesserungsvorschläge?

Jeder hat in seiner Alltagspraxis die Erfahrung gemacht, daß vereinzelt ein Telefonanruf oder Telefax der Beginn für eine Angebotseinholung durch einen Dritten ist. Zum möglichen Auftraggeber bestehen vorab oftmals keine Geschäftsbeziehungen und die zu begutachtende Fläche ist in der Regel unbekannt. Man versucht daher soviel wie möglich an Informationen über

- das Ziel der Untersuchung (Auftragszweck),
- bisherigen Informationstand (Hintergründe)

und ggf. über die Vorstellungen zu

- Zeitrahmen (Projektzeiten und Endabgabetermin),
- den vorhandenen Kostenrahmen zu gewinnen.

Hierzu wäre es wünschenswert, wenn vom Nachfrager ( = potentiellen Auftraggeber) alle Informationen kurzfristig und optimal als Text- und Kartenversion für die eigentliche Angebotsplanungsphase zur Verfügung ständen. Dies ist jedoch aufgrund von Handlungsdruck beim Auftraggeber, wie auch bedingt durch Unwissen über die Nutzungsgeschichte der Fläche und teilweise aus Unkenntnis über die Notwendigkweit der einzusetzenden Untersuchungsmethode und Gerätschaften, oftmals nicht möglich.

Im Extremfall können die fehlenden notwendigen Ausgangsdaten bewirken, daß das Projekt falsch kalkuliert wird und alle weiteren Untersuchungschritte schon in der Frühphase der Kalkulation falsch initiiert werden. Das Ergebnis ist letztendlich, daß im nachhinein während des Projektes die fehlenden bzw. falschen Angebotsprämissen durch Nachforderungen zu einer Verschlechterung des Verhältnisses zwischen Auftragnehmer und Auftraggeber führen.

Es gilt daher immer zu fordern, daß schon im Vorfeld der ersten Kontaktaufnahmen gewisse Mindestinformationen über eine Fläche, den möglichen Untersuchungsstandort vom Nachfrager genannt bzw. wenn nicht dann vom Anbieter selber nachgefragt werden (vgl. hierzu Anhang B).

Primär sind hier die allgemeinen Standortdaten zu nennen.

Neben der klaren Aufgabenstellung sollten die für die Kalkulation so wichtigen Punkte wie

- die Lage der Untersuchungsfläche,
- ihre möglichst exakte Größe/Arealausdehnung (hier sei die Frage nach einem Puffersaum für die Randzonen erlaubt),
- die Erstreckung der Fläche im Raum bzw. deren Form,
- ihre historische Entwicklung – soweit bekannt ggf. auch Vermutungen etc.– genannt werden.
- In diesem Zusammenhang sollte auch die Vorstellung über die Dauer der Untersuchung bzw. die maximale Projektlänge angesprochen werden.

Alle in Anhang B aufgeführten Punkte sind durch den Angebotsnachfrager schriftlich und unter Beifügung von lagetreuen Karten (-ausschnitten) an den Anbieter zu übermitteln.

Wenn möglich – jedoch mit hohen Akquisitionskosten verbunden – sollte ein persönliches Gespräch mit dem potentiellen Auftraggeber gesucht werden. In diesem Gespräch werden erste Vorschläge zur Projektabwicklung aufgezeigt und die Referenzen der Firma sowie der ausführenden Bearbeiter näher erläutert.

Schon im Vorfeld einer Angebotsanfrage sollte der Anfrager das angesprochene Büro nach seinen Referenzen in vergleichbaren Fällen befragen. Besondere Bedeutung verdienen hier bei die apparativen/technischen und personellen Grundvoraussetzungen um überhaupt das Angebot später qualitativ hochwertig auszuführen (vgl. Anhang C).

Die Komponente Geräteausstattung als entscheidendes Kriterium einer Qualifikation ist besonders im Arbeitsfeld der Luftbild- und Kartenauswertung von hoher Bedeutung. Erst durch den Einsatz von hochwertigen Luftbildauswertungs- und Umzeichengeräten wird das hohe Informationspotential von Luftbildern (z. B. der Stereoeffekt, 3 D) erschlossen und eine lagetreue und grundrißtreue Übertragung von Verdachtsflächen in eine Arbeitskarte gewährt.

Als Mindestausstattung können zur Zeit 2 Geräte im Markt benannt werden (Bausch & Lomb Zoom Transfer Scope sowie der Kartoflex/Kartoflex M von Zeiss). Beide Geräte liegen in der Preiskategorie von ca. 70.000 bis 100.000 DM. Ohne diese Geräte und somit ohne diese erforderlichen Anschaffungskosten für Betriebsmittel ist eine exakte Luftbildauswertung nicht möglich.

Verstärkt wird für aktuelle Fragestellungen zur Thematik „Rüstungsaltlasten“ und „Militärische Liegenschaften“, kurzum hochsensible Verdachtskategorien mit hohem Kontaminations- und Gefahrenpotential (z. B. noch im Untergrund vorhandene, teilgefüllte Tankbehälter und Fundamente), der Einsatz von photogrammetrischen

Luftbildauswertegeräten notwendig, die bei der Auswertung eine Lage- und Höhengenauigkeit von wenigen Zentimeter bzw. Dezimeter liefern. Durch den Einsatz dieser Geräte, deren Preise bei 100.000–500.000 DM inkl. Auswertesoftware liegen können, kann u. a. verhindert werden, daß sich Bohrungen in Tankbehälter bzw. in Fundamente festfahren und es zu einem ungewollten Freisetzen z. B. von C-Kampfstoffen kommt oder daß Bombenblindgänger angebohrt werden.

Um sich als leistungsfähige Fachfirma auszuzeichnen, müssen

1) diese Geräte frei verfügbar sein,
2) möglichst in doppelter Ausfertigung vorliegen, um auch bei anderen Projektauslastungen noch Kapazitäten verfügbar zu haben, und es muß
3) geschultes, langjährig mit den Altlastensuchkategorien vertrautes Personal, verfügbar sein.
4) Der Projektleiter muß tatsächlich auch der „wirkliche durchführende Projektleiter sein (daß er bzw. sie über die besten und langjährige Referenzen in diesem Fachgebiet verfügen muß, versteht sich von selbst).

Es wird jedem seriösen Auftraggeber verständlich sein, daß derartige Geräte und Fachpersonal entsprechende Auswertekosten bedingen, die z. B. pro auszuwertendem Zeitschnitt bei einer photogrammetrischen Auswertung den ha-Preis von 200–450 DM (pro Auswertezeitschnitt!) betragen. In diesen Preis fallen u. a. die Montagekosten für die Fixierung der Luftbilder, die Einmessung und Eingabe von Paßpunkten sowie die Stundensätze für diplomierte Fachkräfte sowie die anteiligen Gerätebenutzungskosten.

Neben den Grundanforderungen an die Geräteausstattung sollte nachgefragt werden, welche Informationsquellen zu welchen Zeiten für einen Standort zur Verfügung stehen und auch ausgewertet werden. Derzeit läßt sich auf dem Altlastenmarkt erkennen, daß eine „Verwässerung der Erfassungsmethoden" im Bereich der multitemporalen Karten- und Luftbildauswertung sowie der historisch-deskriptiven Aktenauswertung vorherrscht, der unbedingt Einhalt geboten werden muß. Einige Unternehmen gehen dazu über, daß nicht alle bekannten und verfügbaren Zeitschnitte von Kartenjahrgängen, Luftbildbefliegungszeiten und Aktenbänden ausgewertet werden. Dadurch werden die Auswertezeiten reduziert und somit die Personalkosten minimiert. Jedoch ist zu beachten, daß nur die systematische, streng chronologische Auswertung aller Ausgabezeiten/Aufnahmezeiten bzw. Sequenzen von Informationsquellen ein möglichst vollständiges Bild der Verdachtsflächen garantiert. Es muß jedem deutlich gemacht werden, daß ein Weglassen bzw. Nichtbeachten von Quellenjahrgängen mit einem hohen Informationsverlust verbunden ist. Dies bedingt, daß die „teuer" erworbenen Erfassungsergebnisse bei einer systematischen Überprüfung aller Zeitreihen erhebliche Fehler (Lücken) aufweisen und die Untersuchung bei einer exakten Überprüfung z. T. wertlos wird.

Auftraggeber wie auch Auftragnehmer (Anbieter) tun gut daran, schon im Vorfeld der Angebotsfindung die auszuwertenden Sequenzen exakt zu definieren, um spätere Unklarheiten auszuräumen. Hierbei sollte der Preis für die Auswertung alle, u. a. auch mögliche Nachlieferungen von neuen/alten Luftbild- und Kartenjahrgängen umfassen. Dem neuerdings auch vermehrt erkennbaren Trend zu Nachforderungen, oft wenn bereits das Projekt von der Lauflänge fast abgeschlossen ist, kann so sinnvoll Einhalt geboten werden. Beide Vertragsparteien besitzen dadurch mehr Sicherheit für die tatsächliche Dienstleistung.

Problematisch dürfte die Angebotsstellung und Kalkulation der Auswertezeiten für den Arbeitsschritt der Aktenauswertung sein.

In der Regel kennt der Auftragnehmer in der Phase der Angebotsabfassung für eine Aktenauswertung nicht den Umfang und den Erschließungsgrad der Akten für das betreffende Grundstück oder die Kommune (bei einer Gebietsinventur). Die Preiskalkulationen werden sich daher auf Erfahrungswerte aus anderen Projekten stütztzen und der Angebotsverfasser normalerweise den sicheren Weg ( = mit höheren Kostensätzen) wählen. Wünschenswert wäre hier die Festlegung von definierten Mindestleistungen auf Stundenbasis, die, wenn sie aufgrund einer größeren Informationsfülle beim Auftraggeber überschritten werden, durch Nachverhandlungen auf Stundenbasis abgedeckt werden. Dies setzt allerdings ein hohes Maß an Vertrauen zwischen Auftragnehmer und Auftraggeber voraus. In vielen Fällen wird daher ein Festpreis bzw. ein Pauschalpreis für eine Leistung der oben genannten Lösung vorgezogen.

## 3. Wie kommen Leistungspreise für die Erfassung zustande?

Generell können die Preise für die Dienstleistung „Erfassung neben den recht allgemeinen und unspezifizierten Pauschalpreisen oder Festpreisen über folgende Kosten errechnet werden (vgl. Anhang A):

Die Arbeitskosten können nach Personal- und Gerätekosten sowie Reise- und Materialkosten differenziert werden.

Die Personalkosten betreffen die einzelnen Phasen der Erfassung (vgl. Anhang A) und werden häufig über eine Inwertsetzung zu den Flächengrößen und der Anzahl von auszuwertenden Zeitreihen von Karten, Aktenjahrgängen und Luftbildern (hier u. a. Stereobildpaaren und die jeweiligen Auswertezeiten) errechnet. Gegenüber dem Auftragnehmer werden in der Regel die betrieblichen Kostenkalkulationen relativ unspezifiziert aufgeführt. Ein Vergleich der Lauflänge eines Projektes, bei einer Gebietsinventur für eine Stadtfläche z. B. mit 9–12 Monaten Auswertezeiten, mit der Anzahl der eingesetzten Mitarbeiter(innen) und deren Monatskosten multipliziert kann als eine Überprüfung für eine realistische Kalkulation dienen. Am konkreten Beispiel heißt dies, daß bei 3 Auswertekräften (wir setzen pro Person bei einem Bruttogehalt von 4.000 DM eine monatlich zu erwirtschaftende Summe für das Unternehmen von ca. 12.000 DM an) bei 9 Auswertemonaten ca. 324.000 DM an Personalkosten anfallen. Zeigt hier das Angebot trotz des vorher fest garantierten Einsatzes von 3 Mitarbeiter(innen) einen deutlichen Minderbetrag, so kann davon ausgegangen werden, daß dieser Mindersumme einen Verlust für das Unternehmen darstellt. Umgekehrt läßt sich auf diese Weise leicht auch eine überzogene Preispolitik erkennen, indem z. B. für eine Erfassung eines Stadtgebietes über 5.000.000 DM angesetzt werden, sich von den Auswertekräften und -zeiten jedoch maximal 1.000.000 DM errechnen lassen.

Generell kann festgestellt werden, daß über die reinen Stundenkalkulationen derzeit viele Angebote auf dem Markt zu billig kalkuliert sind. Wenn die „wahren“ Kosten deutlich höher liegen, kann dies nur bedeuten, daß der Wettbewerb derzeit die Anbieter aufgrund erhöhter Konkurrenz zu Niedrigpreisen zwingt oder daß einzelne Anbieter einen solchen Know-how Vorsprung haben, daß sie in Wirklichkeit schneller und damit effektiver mit der Auswertung (Erfassung) fertig werden.

Neben der Kalkulation über die Stundenbasis „Auswertekräfteinsatz können über Erfahrungswerte und Flächengrößen realistische Angebotspreise ermittelt werden. Die folgenden Beispiele zeigen eine Möglichkeit der Preisfindung, wie sie nach Erkenntnis des Verfassers derzeit häufig vor allem bei Gebietsinventuren verwandt wird.

Es werden abgestuft nach Größenklassen für den Untersuchungsraum bestimmte Flächen-Pauschalpreise ermittelt, die sich aus langjährigen Erfahrungen in anderen Projekten erklären lassen. Hierzu ein Beispiel:

Kriterien für eine Kostenabschätzung zur multitemporalen Karten- und Luftbildauswertung

| Kriterium | Wichtiges | Kostentrend | Zu beachten |
|---|---|---|---|
| Standortanalyse Allgemeinarbeitspreis | bis 40 ha | 5–10 TDM (je nach Branche) | |
| | bis 200 ha | 10–15 TDM | |
| | bis 400 ha | 15–25 TDM | |
| | über 400 ha | bis zu 70 TDM | |
| Gebietsinventur | bis 50 $km^2$ | 80–120 TDM | |
| | bis 100 $km^2$ | 120–180 TDM | |
| | bis 200 $km^2$ | 150–200 TDM | |
| | bis 300 $km^2$ | 200–250 TDM | |
| | bis 500 $km^2$ | 250–350 TDM | |
| | bis 1000 $km^2$ | 350–500 TDM | |
| | über 1000 $km^2$ | bis zu 750 TDM | |

Diese Form der Preisfindung bewegt sich hin zur Pauschalpreisgestaltung. Der individuelle Charakter jeder einzelnen neuen Untersuchungsfläche kann dabei durch Prozentabwägungen nach oben und unten mittels der Kostenfaktoren wie

– Form der Arealausdehnung:
Langgestreckte, z. T. auch schmale Flächen erstrecken sich über mehrere Basiskarten der DGK 5 und werden nur über mehrere Bildflugstreifen (bei Luftbildern) erfaßt. Dies bedingt höhere Auswertezeiten und Materialkosten für die Reproduktion der Ergebniskarten. Eventuell kann hier der Pauschalpreis für die Flächengröße (s. oben) um ± 10 bis 20 % angehoben oder gemindert werden.

– Art der Verdachtsfläche:
Bestimmte Branchen weisen erhöhte Schwierigkeiten in der Identifikation, Differenzierung und Abgrenzung auf. Damit kann auch die Datenmenge größer sein.

Auch hier lassen sich z. B. ± 10 bis 20 % vom Pauschalpreis für die Flächengröße mindern bzw. erhöhen.
Des weiteren beeinflussen massiv die Auswertezeiten:

a) *Tarnungsmaßnahmen und stattgefundene Kriegseinwirkungen.* So kann z. B. die Erfassungsanalyse eines Flugplatzes mit alliierten Kriegsaufnahmen leicht das 4fache der Auswertezeit eines „herkömmlichen" Standorts, z. B. eines Industriestandorts der Branche „Gaswerk oder Stahlwerk", einnehmen. Hier müssen Minder- bzw. Zusatzleistungen von bis zu 100 bis 200 % für die Auswertezeiten angesetzt werden.

b) *Anzahl der Sequenzen von Karten, Luftbildern und Akten.* Vermutlich eine der wichtigsten Kategorie, denn wenige Auswertejahrgänge/-bildflüge bedeuten auch eine geringere Auswertezeit.
Umgekehrt kann sich für einen sehr häufig beflogenen Standort mit Sequenzen von über 15 Luftbildreihen, über 10 Kartenjahrgängen und mehr als 10 Aktenbänden der Auswerteaufwand leicht verdoppeln oder gar vervierfachen.

## 4. Welche Hilfen gibt es für die Festlegung der Stundensätze?

Bei dem Arbeitsfeld „Erfassung von Altlasten handelt es sich um ein interdisziplinäres Arbeitsgebiet, in dem sowohl Geisteswissenschaftler, Naturwissenschaftler als auch die Ingenieurwissenschaften ihre Aufgabe finden. Mit Ausnahme der Ingenieruwissenschaften, für die aus anderen Arbeitsbereichen Vergleiche, z. B. mit der Anlehnung an die HOAI, möglich sind, fallen die beiden anderen Disziplinen mit ihren Leistungen z. T. in die Sparte der geistig-schöpferischen Tätigkeit. Ideal wäre für die Seite der Auftragnehmer eine Abrechnung nach dem tatsächlichen Zeitaufwand mit detaillierten Nachweisen der geleisteten Stunden und anfallenden Nebenkosten. Demgegenüber steht, daß Stundenverrechnungssätze ohne Leistungsbezug oftmals als wenig sinnvoll anzusehen sind. Eventuell sollten Höchstpreisvereinbarungen mit Verrechnungssätzen für bestimmte Teilleistungen für die Phase der Erfassung herangezogen werden.

Damit verbunden stellt sich die Frage nach der Vergütungsregelung. Um eine kurze vertragliche Vergütungsregelung anzustreben, sollten die einzelnen Arbeitsschritte (s. Anhang A) nach freien Honorarvereinbarungen festgeschrieben werden. Die HOAI kann hierbei nur als ein möglicher Anhalt gesehen werden, die jedoch den Belangen der Natur- und Geisteswissenschaften (hier geistig-schöpferische Leistung) wenig Rechnung trägt. Die Natur- und Geisteswissenschaften sind hierbei gefordert, eigene Preis-/Leistungskriterien, ggf. auch Stundensätze, zu definieren und verstärkt die neue Diskussion um eine Erhöhung der derzeitigen Stundensätze der HOAI zu verfolgen.

## 5. Zusammenfassende Bewertung und Ausblick

Trotz bisher fehlender Grundlagenwerke ist es möglich, den Arbeitsschritt der Erfassung und Erstbewertung bei eingehender Betrachtung der einzelnen Teilleistungen für die Nachfrageseite in seinen Leistungen transparenter und einheitlicher zu gestaltet.

Dies setzt voraus, daß dazu bei allen die Bereitschaft zum Dialog vorhanden ist und daß sowohl die Anbieter von Dienstleistungen als auch die Auftraggeber ihre Wünsche und Zielvorstellungen offenlegen. Nur so lassen sich die derzeitigen Schwierigkeiten in der normierten Preis-/Leistungsfindung bereinigen. Diese beruhen darauf, daß das Arbeitsgebiet ein recht junges und dynamisch gewachsenes Dienstleistungsgeschäft ist, das durch seine naturwissenschaftlich-geisteswissenschaftliche Prägung bisher relativ wenig Beachtung und Anlehnung an die reinen Ingenieurleistungen fand. Eine Preisanlehnung der Stundensätze an die HOAI kann nur dann zu einem Kostenkalkulationsmittel für die Erfassung werden, wenn sie sich gleichzeitig dieser spezifischen Thematik der geistig-schöpferischen Leistung öffnet und man gemeinsam die einzelnen Leistungen adäquat bewertet.

Erst durch das Miteinander aller beteiligten Wissenschaften und die langjährigen Erfahrungen, z. B. in den Ingenieurwissenschaften, können mittelfristig nutzerorientierte und ökonomisch vertretbare Leistungs- und Vergaberichtlinien erarbeitet werden.

Dabei sollten in Zukunft folgende Punkte stärker beachtet werden:

a) Ohne bundesweite Richtlinien bzw. landesspezifische (länderübergreifende) Reglementarien wird das individuelle Arbeiten von Leistungen (Teilleistungen) innerhalb der Erfassungsphase noch stärker gefördert. Die Vergleichbarkeit von Angeboten muß damit beginnen, daß die Anfragen für Angebote fachlich fundierter werden. Mögliche „Wenn und Aber", die eine Bandbreite in den Leistungen und Preisen erlauben, sind auf ein Mindestmaß einzuschränken, wenn nicht gar auszuschließen.
b) Es muß einer „Verwässerung der Erfassungsmethoden" durch Leistungskürzungen aufgrund von Lohnkostendenken Einhalt geboten werden.
c) Um Billigangebote wie auch überteuerte Angebote mit minderer Qualität zu entlarven, müssen die Bereiche Gerätemindestausstattung, Erfahrungen des Auswertepersonals, Aufschlüsselung der Projektkosten anstelle von Festpreisangeboten/Pauschalpreisen beleuchtet werden.
d) Durch Offenlegung der bisherigen Preise, z. B. bei kommunalen und/oder landesweiten Aufträge, können die gängigen Preise transparenter gemacht werden.

Es wäre wünschenswert, wenn sich alle Beteiligten zu einer Arbeitsgruppe „Preis-/Leistungsgestaltung bei Arbeiten im Arbeitsfeld Altlastenerfassung und Erstbewertung" zusammenfinden würden.

Der vorliegende Text mag hierzu als eine Anregung angesehen werden.

## Literatur

Borries, H-W (1992) Altlastenerfassung und -Erstbewertung durch multitemporale Karten- und Luftbildauswertung. Vogel, Würzburg.

Borries, H.-W. (1993) Auf der Suche nach mehr Transparenz: Ausschreibungskriterien für die Altlastenerfassung. In: Altlasten, hg. v. Deutscher Fachverlag, Frankfurt am Main (Heft. 1, März, S 818)

Borries, H.-W., Dodt J (1988) Die Erfassung altlastverdächtiger Flächen durch multitemporale Karten- und Luftbildauswertung. In: Thome-Kozminesky KH (Hrsg.), Altlasten, Bd 2, S 414436. Berlin

Diederichs, CJ, Rüller G(1992) Arbeitshilfen zur Beauftragung von Planern, Gutachtern und Firmen mit der Sanierung von Altlasten. In: Diederichs, CJ (Hrsg) Schriftenreihe des Lehr- und Forschungsgebietes Bauwirtschaft an der Bergischen Universität GH Wuppertal. DVP-Verlag, Wuppertal

Landesanstalt für Umweltschutz Baden-Württemberg (Hrsg) (1992) Handbuch: Historische Erhebung altlastverdächtiger Flächen. Materialien zur Altlastenbearbeitung, Bd. 9. Karlsruhe

Ministerium für Umwelt, Raumordnung und Landwirtschaft des Landes NRW (Murl) (Hrsg) (1987) Die Verwendung von Karten und Luftbilder bei der Ermittlung von Altlasten. Ein Leitfaden für die praktische Arbeit, 2 Bde. Düsseldorf

Ministerium für Umwelt Baden-Württemberg (Hrsg) (1988) Altlastenbewertung, H. 18 und 19, Altlastenhandbuch Teil 1 und 2. Stuttgart

Niedersächsisches Umweltministerium (Hrsg) (1989) Luftbildauswertung zur Erfassung von Rüstungsaltlasten in Niedersachsen, Hannover (nur als Ms. veröffentlicht)

## Anhang A

### Arbeitsschritte, Leistungen und Kostenfaktoren einer Erfassung und Erstbewertung altlastenverdächtiger Flächen

| Arbeitschritte/Probleme | Leistungen | Kostenfaktoren |
|---|---|---|
| 1. Archivrechte | Zusammenstellung von historischen Zeitzeugen/Quellen<br><br>a) Inland (Karten, Luftbilder, Akten, Zeitzeugen, Adreßbücher usw.)<br>in:<br>– Staatsarchiven<br>– Privatarchiven<br>– Firmenarchiven<br>– Behördenarchiven<br><br>b) International (Akten, Luftbilder, Kriegsschadensberichte)<br>in:<br>– Großbritannien<br>– USA<br>– UdSSR/GUS<br>– Frankreich<br>– Polen | – Tagessätze für wissenschaftliche Mitarbeiter<br>– Kilometergeld<br>– Übernachtungskosten<br>– Tagegeld<br>– Faxkosten<br>– Telefongebühren<br>– Kopierkosten<br>– Tankrechnungen<br>– Materialkosten für Karten, Luftbilder, Akten (direkt an den Auftraggeber weiterzugeben)<br>– Flugkosten<br>– Hotelrechnungen/Spesen<br>– Faxkosten<br>– Kopierkosten<br>– Kilometergeld/Leihwagen/Tankrechnungen<br>– Bearbeitungsgebühren (Archiv, Behörden) |
| 2. Auswertung der Informationsquellen | Chronologische Zusammenstellung aller Kartenausgabejahre und Luftbildjahrgänge<br><br>Erstellung einer Kartierungsgrundlage (Basiskarte) | Tagessätze für:<br>– Hilfskräfte<br>– Vermessungstechniker/Luftbildauswerter<br>– Zeichner<br><br>Materialkosten<br>1. Gerätekosten<br>– Luftbildauswertegeräte |

| Arbeitschritte/Probleme | Leistungen | Kostenfaktoren |
|---|---|---|
| | Auswertung der Karten und Luftbilder zur Lokalisierung und Abgrenzung von Verdachtsflächen | – Kartenumzeichner<br>– Verbrauchsmaterial/Kopien<br><br>2. Auswertekosten<br>– Lage der Untersuchungsfläche im Ausschnitt der Basiskarte (z.B. der DGK 5)<br>– Flächenausdehnung (ha)<br>– Anzahl der Fortführungen und Befliegungsjahre<br>– Kompliziertheit der Anlage (Deponie/Industrei)<br>– Kriegseinwirkungen/Tarnmaßnahmen<br>– Akten-/Betriebsplanauswertung mit Transformation<br>– Vorkenntnisse |
| 3. Ergebnisdarstellung in Karten | Zeichengeräteeinsatz | Personal- und Materialkosten |
| | Kartengestaltung (manuell oder EDV-gestützt mit Hilfe von CAD und Plottern)<br><br>Ergebniskarten mit unterschiedlichen Themen und maßstäben:<br>– Layout (schwarz/weiß und Raster oder Farbe) | Bei manueller Kartengestaltung:<br>– hohe Personalkosten<br>– hohe Folienkosten<br>– kostenintensive Fortführung<br><br>Bei EDV-gestützter Kartenerstellung: – kostengünstige Fortführung |
| | Anzahl der Ergebniskarten<br><br>Reproduktionsqualität, insbesondere Möglichkeiten der Ergänzung der Informationen<br><br>Berichte und Gutachten<br>– Art der Datenaufbereitung, Anzahl der Berichte und Zwischenberichte, Graphiken, Tabllen | Hoher Zeichen-, Material- und Kopieraufwand bei der Themakartenerstellung:<br>– hohe Reprokosten bei Farbkarten<br>– Rasterkarten (hohe Materialkosten und zeitintensiv) Preiswerte Reproduktion bei SW-Karten. Reprokosten hoch für: Originale, Duplikate, Lichtpausen, Vergrößerungen<br><br>Bei Berichten:<br>– hohe Personal- und Materialkosten (Sekretärinnen, Graphiker, Kopien, Papier usw.) |

| Arbeitschritte/Probleme | Leistungen | Kostenfaktoren |
|---|---|---|
| 4. Zeitdauer des Projekts | Kurzfristiger Beginn | Hohe Personalkosten |
| | Anzahl der Zwischenberichte, ggf. Präsentationen | Hohe Personal- und Materialkosten |
| | Einbau neuer Erkenntnisse | Hohe Personal- und Materialkosten |
| | Verschiebung des Abgabetermins z.B. durch verspätete Lieferung von Informationsquellen | Erhöhte Materialkosten |
| 5. Präsentation der Untersuchungsergebnisse | – Vorstellung mit mehreren Mitarbeitern (Chef, Projektleiter, Sachbearbeiter) | Hohe Personal- und Reisekosten |
| | – Aufwendiger Medieneinsatz (Overheadprojektor für Computerbildschirm) | Hohe Materialkosten (Vortragsfolien usw.) |
| | – Anzahl der Präsentationen | Hohe Personal- und Reisekosten |

## Anhang B

### Handlungsempfehlung „Checkliste Ausschreibungsunterlagen

Prüfkriterien für ingenieurmäßig erbrachte Leistungen Dritter im Rahmen der Altlastenerfassung und Erstbewertung

**1. Allgemeine Standortangaben**

☐ – Definition der Auftragsstellung und des Untersuchungsaufwandes

☐ – Lage der Untersuchungsfläche in einer topographischen Karte

☐ – exakte Abgrenzung der Ausdehnung der Verdachtsflächen

☐ – mitgeliefertes Karten-/Planmateria

☐ – Art der Verdachtsfläche (Einstufung in Kategorien)

☐ – Grundinformation (soweit bekannt) zur Standorthistorie

☐ – maximaler Untersuchungszeitraum

☐ – letzter Abgabetermin, ggfs. Zwischentermine/Besprechungen

☐ – gewünschte Menge der Berichte/Ergebniskarten

☐ – Vorgabe des Arbeitskartenmaßstabs, ggf. des EDV-/Schreib-/Digitalisierungssystems

**2. Vertragsbestimmungn und Leistungen**

☐ – allgemeine Vertragsbestimmungen (z.B. Musteringenieurvertrag)

☐ – Leistungen des Auftraggebers (Hilfeleistungen/Behördenunterstützung)

**3. Termine/Fristen der Abgabe des Angebots**

☐ – Zwischenbericht

☐ – Abgabetermin

☐ – Präsentation

**4. Bennenung des Projektleiters bzw. des/der Gutachter(s)**

☐ – Projektleiter

☐ – rechtsverbindliche Unterschrift eines Geschäftsführers

## Anhang C

### Ausschreibungsunterlagen

Prüfkriterien für ingenieurmäßig erbrachte Leistungen Dritter im Rahmen der orientierenden Untersuchung

Anforderungen an den Auftragnehmer

**1. Geräteausstattung**

● Kartenauswertegeräte (z.B. Planvariograph)

● Photokopierer mit Zoomvergrößerung/-verkleinerung

● Luftbilauswertegeräte zur stereoskopischenAuswertung

● – Grobanalyse ca. 2- bis 3fache Vergrößerung

● – Feinanalyse ca. 4- bis 6fache Vergrößeung

● – Detailanalyse mit Zoomobjektiv bis15fache Vergrößerung

❍ – Digitale Bildauswertung

● – Photogrammetrische Bildauswertung

● – Exakte Höhenberechnung

● – Exakte Flächenberechnung

**Luftbildumzeichner**

● – monoskopisch

● – stereoskopisch

❍ – rechnergestützt (digital)

❍ – Bildverarbeitungsanlage

**Reprograpieausstattung**

● – Reprokameras

● – SW-Kopierer/-drucker

● – Farbkopierer/-drucker

● – SW-Plotter

❍ – Farbplotter

● erforderlich
❍ nicht erforderlich

**2. Ausgewertete Informationsquellen (im Angebot zur Untersuchungsfläche zu nennen)**

TK 25

● – Anzahl der Kartenlätter

● – Anzahl der Stereobildpaare

● – Anzahl der Bildpläne

● – Anzahl der Kriegsbilder

● – Anzahl der Kriegsschadensberichte

Akten/Betriebspläne

● – Aktenumfang (Anzahl der Bände)

Katasterunterlagen

● – Anzahl der Karten

● – Anzahl der Fortführungen

Zeitzeugenbefragung

● – Anzahl der Begragten

● – Zeitdauer

**3. Gutachteneumfang**
Art der Datenaufbereitung

❍ – Diskette

● – Papier/Folien

● – Anzahl der Berichtfassungen

● – Anzahl der Ergebniskarten

● – Zwischenbericht

**4. Zeitdauer/Projektlaufzeit**

● – kurzfristiger Beginn

● – Zwischenpräsentationen/-termine

● – Endabgabezeit (definitiv)

● erforderlich
❍ nicht erforderlich

# Praktische Erfahrungen mit der inhaltlichen Gestaltung von Angeboten und Aufträgen zur beprobungslosen Gefährdungsabschätzung

Manfred Niclauß

## 1. Rahmenbedingungen

Der beprobungslose Ansatz im Rahmen der Erfassung und Gefährdungsabschätzung von Altstandorten

Neben einer ersten Einstufung des Altstandorts und dem Aufzeigen möglicher Gefährdungspfade hat der beprobungslose Ansatz die Aufgabe, die Notwendigkeit weitergehender Untersuchungen zu überprüfen, gegebenenfalls ein gezieltes Probenahme- und Analyseprogramm zu entwickeln und damit Art und Umfang dieses

Programms zu bestimmen. Datenrecherche und Untergrunduntersuchungen sind demnach sukzessive Arbeitsschritte und getrennt zu vergebende Teilleistungen.

In der Praxis werden demgegenüber oft beide Teilleistungen als zusammenhängendes „Paket vergeben. Aufgrund des oft „zähflüssigen" Ablaufs des Vergabeverfahrens ist der Auftraggeber bestrebt, möglichst umfassende Auftragspakete „vom Tisch zu haben". Dem kommen viele Anbieter entgegen, indem sie eine Projektabwicklung „in einer Hand" anbieten. Diese Praxis ermöglicht es, Kostendefizite bei der haushalts-technisch wenig akzeptierten, „weiche" Daten liefernden, beprobungslosen Untersuchung durch versteckte Überschüsse bei den „harten" Teilleistungen Bohrmeter und chemische Analysen aufzufangen. Diese Vergabepraxis hat zur Folge, daß solche Anbieter, die auf die Erstellung historisch-deskriptiver Untersuchungen spezialisiert und dafür besser qualifiziert sind, von vornherein ausscheiden.

### Kosten

Im Rahmen der übrigen Teilleistungen wird die „weiche" historisch-deskriptive Untersuchung häufig als Kostenfaktor gesehen, bei dem Einsparungen am ehesten möglich sind. Solche Einsparungen führen in der Regel zu höheren Gesamtkosten oder aber zu Qualitätseinbußen, weil eine detaillierte Recherche ein gezielteres Vorgehen bei der Probenahme und Analyse ermöglicht und u. U. sogar zu der Erkenntnis führt, daß auf weitergehende Untersuchungen verzichtet werden kann.

Die Ausschreibungspraxis sieht häufig so aus, daß vom Auftraggeber stichwortartig einige Informationsquellen aufgelistet werden, ohne daß abgeklärt ist, ob die angegebenen Quellen verfügbar sind und mit welchem Aufwand sie ausgewertet werden können. Der interessierte Auftragnehmer erstellt dann ein Angebot auf der Basis einer „Mischkalkulation“ aus Fakten und Eventualitäten. Aber auch die sorgfältige Identifizierung und Quantifizierung auszuwertender Informationsquellen bietet keine verläßliche Kalkulationsgrundlage, weil der Arbeitsaufwand im wesentlichen durch die erst zu ermittelnde Nutzungsgeschichte der Untersuchungsfläche bestimmt wird.

In der Praxis der Auftragsgestaltung sollte deshalb ein schrittweises Vorgehen mit Rechnungsstellung nach Zeitaufwand, unter Vorgabe eines Kostenrahmens, angestrebt werden.

### Bearbeitungszeit

Zeitliche Engpässe (z. B. im Zusammenhang mit der Aufstellung von Bebauungs-Plänen) verführen oft dazu, den Zeitrahmen für die historisch-deskriptive Untersuchung zu kürzen, die auch in dieser Hinsicht als vergleichsweise "weicher“ Faktor erscheint. Wenn es gelingt, den Auftragnehmer in der Bearbeitungszeit für die Datenrecherche zu „drücken“, so ist das meist als „Pyrrhussieg“ zu werten. Bearbeitungszeit ist nur begrenzt durch gesteigerten Personalaufwand zu ersetzen. So sollte z. B. die Auswertung der Nutzungsgeschichte in der Regel in einer Hand liegen. Erst durch die wechselseitige Verknüpfung von Karten, Luftbildern, Firmenschriften und Akten sind gute Ergebnisse erzielbar. Jede Schnittstelle im Informationsprozeß stellt eine potentielle Quelle für Informationsverlust dar.

### Qualifikation der Bearbeiter

Um Kosten zu sparen, ist die Versuchung groß, die Informationsbeschaffung von Hilfskräften durchführen zu lassen. Diese Praxis ist abzulehnen, weil gerade das Herausfiltern von altlastrelevanten Hinweisen aus der Fülle von Informationen etwa in Bauakten einen breiten Erfahrungshintergrund voraussetzt.

### Untersuchungsgebiet

Über das eigentliche Untersuchungsgebiet hinaus (z. B. Bebauungsplangebiet) sollte eine Randzone in die Recherche miteinbezogen werden. Unter Umständen ist es sinnvoll, bei der Abgrenzung dieser Randzone auf bestimmte Gesichtspunkte abzustellen (z. B. Ausdehnung des Untersuchungsgebiets auf die entgegen der Grundwasserfließrichtung vorgelagerte Zone). Andererseits sollten anfallende Rechercheergebnisse mit Bedeutung für andere Flächen dokumentiert werden (z. B. Ablagerung von Produktionsabfällen in benachbarten Kiesgruben). Auch in dieser Hinsicht ist dem möglichen Mehraufwand durch ein flexibles Auftragsverfahren Rechnung zu tragen.

## 2. Informationserfassung

Zunächst sind alle bereits vorliegenden Untersuchungsergebnisse auszuwerten. Für die weitere Recherche ist zu unterscheiden zwischen standortbezogenen, nutzungsbezogenen, branchenbezogenen und stoffbezogenen Informationen.

### Standortbezogene Informationen

Standortbezogene Daten geben u. a. Aufschluß über die Topographie sowie die geologische und hydrogeologische Situation im Untersuchungsgebiet. Als Informationsquellen können aktuelle sowie historische, topographische und thematische Karten, Luftbilder sowie sonstige Unterlagen (z. B. der Unteren Wasserbehörde) dienen. Vor allem folgende Sachverhalte sind zu ermitteln: Geländerelief, Bewuchs, Versiegelungsgrad, Grundwasserstände, Grundwasserfließrichtungen und Untergrunddurchlässigkeit.

### Nutzungsbezogene Informationen

Bestandteile der nutzungsbezogenen Informationserfassung sind eine Bestandsaufnahme der aktuellen Nutzung durch eine Ortsbesichtigung, der geplanten Nutzung durch Auswertung vorliegender Bauleitpläne sowie der Nutzungsgeschichte. Zur Erfassung der Nutzungsgeschichte können vor allem folgende Informationsquellen ausgewertet werden:

- Luftbilder: Soweit vorhanden, sollten stereoskopisch auszuwertende Reihenmeßbilder herangezogen werden. Besondere Bedeutung kommt den Luftbildern der Alliierten von 1944/1945 im Hinblick auf Kriegsschäden zu.
- Topographische Karten (insbesondere Deutsche Grundkarte und Meßtischblätter) sowie historische Stadtpläne.
- Gewerbekartei (Ordnungsamt).
- Adreßbücher: Durch Auswertung historischer Adreßbücher können die Namen (u.U. auch Produktpalette) auf der Untersuchungsfläche angesiedelter Firmen als Informaionsgrundlage für die weitere Recherche ermittelt werden.
- Historische Literatur: Als Informationsquellen kommen vor allem Firmenschriften, Stadtteilmonographien sowie Veröffentlichungen von heimatkundlichen Vereinen in Frage.
- Bauakten: Bei großen Untersuchungsflächen ist die Auswertung von Bauakten relativ zeitaufwendig. Unter Umständen ist eine Beschränkung auf solche Grundstücke sinnvoll, für die sich bei der Recherche der vorgenannten Informationsquellen Hinweise auf einschlägige gewerbliche Aktivitäten ergeben.

  Weitere mögliche Informationsquellen sind u. a.:

- Akten des Ordnungsamtes,
- Akten der Feuerwehr,
- Konzessionsakten,
- Akten der Staatlichen Gewerbeaufsicht:

Hier muß abgeklärt werden, für welchen zurückliegenden Zeitraum Akten vorhanden sind und ob ein Zugriff unter Datenschutzgesichtspunkten möglich ist.

- Pressearchiv,
- Industrie- und Handelskammern,
- Firmenarchive,
- Zeitzeugenbefragung.

## Branchenbezogene Informationen

Unter branchenbezogenen Informationen werden Aussagen über die in bestimmten Wirtschaftszweigen in verschiedenen historischen Zeitabschnitten ausgeübten Produktions- und Arbeitsverfahren, die dabei gehandhabten Stoffe und typische Verlustquellen verstanden. Informationen dieser Art sind dann heranzuziehen, wenn diesbezüglich keine oder nur unzureichende Angaben für die auf der Untersuchungsfläche angesiedelten Betriebe vorliegen.

In der Regel ist das der Fall.

Als einschlägige Informationsquellen im Hinblick auf potentielle Untergrundverun-reinigungen seien folgende Literaturtitel genannt:

- branchentypische Inventarisierung von Bodenkontaminationen (UBA-Texte 31/86);
- Erfassung möglicher Bodenkontaminationen auf Altstandorten (Kommmunalverband Ruhrgebiet,1989). Dabei handelt es sich im wesentlichen um eine erweiterte Fassung der „branchentypischen Inventarisierung“
- Inventarisierung von Bodenkontaminationen auf Geländen mit ehemaliger Nutzung aus dem Dienstleistungsbereich (UBA-Texte 16/89);
- Branchenkatalog zur historischen Erhebung von Altstandorten (Landesanstalt für Umweltschutz/Baden-Württemberg, 2. Aufl., 1993)

Darstellungen von Produktionsprozessen und Produktgruppen finden sich in aktuellen und älteren Auflagen folgender chemischen Handbücher:

- *Ullmanns Encyklopädie der technischen Chemie, Hrsg.: Bartholome u. a.;*
- *Römpps Chemie Lexikon, Hrsg.: O.A. Neumüller;*
- *Chemische Technologie, Hrsg.: K. Winnacker/L. Küchler.*

## Stoffbezogene Daten

Diese beinhalten in erster Linie

- physikalische und chemische Eigenschaften im Hinblick auf das Verhalten der Stoffe im Untergrund;
- Gefährdungseigenschaften im Hinblick auf menschliche Gesundheit und Umwelt (u. a. Katalog wassergefährdender Stoffe, LAGA-Liste bodenverunreinigender Stoffe, Anhang VI: Gefahrstoffverordnung).

## 3. Dokumentation

Bei der Berichtsgestaltung ist strikt zwischen der Dokumentation von Informationen und der Interpretation von Informationen zu trennen. Die ermittelten Informationen werden zunächst in einem dokumentarischen Teil unabhängig von ihrer Vereinbarkeit mit anderen Informationen aufgeführt. Vorteilhaft ist ein chronologisches Ordnungsprinzip, weil dieses in Form einer „Nutzungsgeschichte" den Überblick über die meist zahlreichen Einzelinformationen erleichtert. Maßgeblich für die Einordnung einer Information sollte dabei der Zeitpunkt des betreffenden Zustandes bzw. Ereignisses sein, nicht der Veröffentlichungszeitpunkt (s. Anhang).

Bestandteil der Dokumentation ist neben der chronologischen Auflistung ausgewerteter Informationen ein Quellenverzeichnis, in dem alle herangezogenen Informations-quellen hinsichtlich Dokumentationsstelle, Signatur sowie ggf. Seitenangabe verzeichnet sind.

Bei der Auswertung von Akten ist darauf zu achten. daß der jeweilige Verfahrensstand dokumentiert wird, z. B. bei Bauakten

- Bauvoranfrage,
- Bauantrag,
- Baugenehmigung,
- Bauabnahme.

Oft sind keine Angaben über nachfolgende Verfahrensstufen vorhanden, d. h. es ist ungewiß, ob ein Bauantrag auch zu einer Realisierung des Vorhabens geführt hat. In diesem Fall kann u. U. die Darstellung des betreffenden Gebäudes in einem Lageplan späteren Datums die Durchführung des Bauvorhabens bestätigen.

## 4. Interpretation/Informationsaufbereitung

Die chronologische Auflistung stellt eine „Rohmaterialsammlung" dar. In einem erläuternden Textteil werden Erläuterungen sowie Interpretationen gegeben, Widersprüche aufgezeigt und mögliche Erklärungen genannt.

Die Aufbereitung der Informationen sollte soweit wie möglich in kartographischer Form erfolgen (z. B. Nutzungsgeschichte, aktuelle Nutzung, geplante Nutzung).

## 5. Ermittlung potentieller Quellen für Untergrundkontaminationen

Im Rahmen dieses Arbeitsschrittes erfolgt eine Auswertung ermittelter und aufbereiteter Informationen im Hinblick auf folgende Gesichtspunkte:

- Auflistung im Untersuchungsgebiet ausgeübter Produktions- und Arbeitsverfahren;
- Art und Beschaffenheit dabei gehandhabter Stoffe sowie ihre Gefährdungseigenschaften;
- mögliche Verlustquellen für Schadstoffe;
- Abschätzung der mengenmäßigen Bedeutung dieser Verlustquellen unter Heranziehung vorliegender nutzungsbezogener und branchenbezogener Daten (z. B. Hinweise auf Kriegsschäden, Unfälle, Angaben über Lagertankvolumen. Umschlagsmengen, Verlustraten, Anteile von Nebenprodukten und Abfallstoffen in Produktionsprozessen);
- mögliche Ablagerungsbereiche für betriebliche Abfälle (z. B. ehemalige Gewässerläufe, Geländesenken, Abgrabungen, stillgelegte Klärbecken).

## 6. Ermittlung und Bewertung relevanter Gefährdungspfade

Die Ergebnisse der historisch-deskriptiven Untersuchung und vorliegende Ergebnisse technischer Untersuchungen sollten systematisch im Hinblick auf mögliche Gefährdungspfade ausgewertet werden. Bestandteile eines systematischen Vorgehens sind:

- Gefährdungseigenschaften ermittelter Stoffe,
- potentiell betroffene Schutzgüter,
- mögliche Transmissionswege für Gefährdungswirkungen.

Zur Bewertung vorliegender technischer Untersuchungsergebnisse sollten nicht nur die B- und C-Werte der sog. „Hollandliste“ herangezogen werden, sondern, soweit vorhanden, auf bestimmte Gefährdungspfade abstellende Richtwerte. Leider ist die Anwendbarkeit einiger vorliegender differenzierender Richtwerte – wie z. B. die Bodenwerte von Eikmann/Kloke – durch die Tatsache eingeschränkt, daß diese nicht auf Gefährdungspfade, sondern auf Nutzungskategorien abstellen, die immer eine gewisse Bandbreite möglicher menschlicher Aktivitäten beinhalten. Ein gefährdungspfadspezifischer Bewertungsmaßstab ist jedoch die Voraussetzung für eine der jeweiligen städtebaulichen Situation angemessene Festsetzung von Sofortmaßnahmen, Ermittlung des notwendigen Sanierungsaufwandes und Festlegung notwendiger Nutzungsbeschränkungen.

## 7. Maßnahmenvorschläge

### Sofortmaßnahmen

Bei konkreten Anhaltspunkten für eine Gefährdung der menschlichen Gesundheit ist durch Sofortmaßnahmen sicher zu stellen, daß die entsprechende Wirkung nicht zum Tragen kommt. Bei Überschreitung des Bodenwertes BW III (Toxizitätswert) für Sport- und Bolzplätze in Oberbodenproben auf entsprechend genutzten Brachflächen kommt z. B. eine Einzäunung in Betracht.

### Probenahme- und Analyseprogramm

Abstellend auf die ermittelten potentiellen Schadstoffeinträge und die in Betracht kommenden Gefährdungspfade enthält dieses Programm folgende Bestandteile:

- Lageplan Probenahmepunkte;
- Angaben zur Vorgehensweise bei der Probenahme:
- Zu beprobendes Medium? Probenahme aufgrund organoleptischer Ansprache oder in vorgegebener Tiefe? Erstellung von Mischproben?
- Liste der Analyseparameter bzw. Vorgehensweise bei mehrstufigem Untersuchungsverfahren; Angabe, ob eine Ermittlung von Konzentrationen im Feststoff oder im Eluat erfolgen soll.

## Anhang

### Chronologisches Verzeichnis (Beispiel)

**1910:** Lageplan zeigt Gebäudesituation und bezeichnet die Nutzung der Gebäude (E 1: Salmiakgeistproduktion, C: Naphthalingewinnung), elektrischer Leitungsplan vom 02.05.1910 {HA}(Anhang 13).

**1920/1:** Briefkopf zeigt Gebäudesituation, Gleisanschlüsse und gibt Produktpalette an Schreiben vom 15.01.1912 {BA}(Anhang 14).

**1912/2:** Täglich werden über 100 Ztr. Asphaltpech hergestellt, Schreiben vom 29.11.1912 {BA}.

**1919/1:** Gebäudeplan zeigt vorhandene Räume und Anlagen in der Teeraufbereitungsanlage (Gebäudekomplex E), Zeichnung vom 02.10.1919 (Grundriß/Aufriß) {HA}(Anhang 15).

**1919/2:** Geplante Errichtung einer Redestillationsanlage als Anbau an die vorhandene Teerdestillation (D 10), Bauantrag vom 02.08.1919 (Anhang 16 a/b).

**1920:** Geplante Aufstellung eines Eisenbetontanks für Benzol, Genehmigungsbescheid vom 14.12.1920 (einschließlich Lageplan, Beschreibung) {HA}.

# Ausschreibung und Vergabe von Untersuchungen, Begutachtungen und Sanierungsmaßnahmen bei der Wiederherstellung von Industrie- und Gewerbeflächen mit Altlasten

Karl-Heinz Willershausen

Die Ausschreibung und Vergabe von Arbeitsleistungen zur ingenieurmäßigen und bauwirtschaftlichen Behandlung von Altlasten und Altlastenverdachtsflächen, z. B. im Rahmen der Wiedernutzbarmachung von Industrie- und Gewerbebrachen, unterliegt bei allen öffentlichen Auftraggebern (AG) verbindlichen Vergabegrundsätzen.

Ziel ist eine sparsame und wirtschaftliche Verausgabung der Steuergelder bei den Kommunen und Ländern. Die Ausschreibung und Vergabe derartiger Arbeitsleistungen hat hiernach zwingend zu erfolgen unter Heranziehung

- der Honorarordnung für Architekten und Ingenieure (HOAI),
- der Verdingungsordnung für Bauleistungen (VOB) und
- der Verdingungsordnung für Leistungen (VOL).

Hierdurch werden die Vertragsverhältnisse zwischen den Vertragspartnern, AG – Ingenieur – Auftragnehmer (AN), geregelt.
Ziele derartiger Regelungen sind:

- wirtschaftlicher Einsatz der Finanzmittel der AG,
- Sicherstellung einer ausreichenden Vergütung der AN (Ingenieure und Firmen),
- Sicherstellung einer hinreichenden Gefahrenbeurteilung, mit Risikominimierung.

Im Gegensatz dazu stehen private AG, die nicht an diese Vertragswerke gebunden sind und demzufolge eine Vergabe derartiger Leistungen immer auf dem Verhandlungswege vornehmen können.

## 1. Ausschreibung und Vergabepraxis bei Anwendung von HOAI, VOB und VOL

### Gefährdungsabschätzung

Die Arbeitsleistung für Gefährdungsabschätzungen (GA) – bestehend aus Nutzungsrecherche und Erstbewertung, Orientierungs- und Detailphase – wird unterschieden in Ingenieurleistungen und gewerbliche Arbeiten.

- Ingenieurleistungen sind geistig-schöpferische Arbeiten, die nach HOAI nicht auszuschreiben sind und für die eine Preisanfrage möglich ist (Ideenwettbewerb – Qualitätsanfrage).

In der Regel ist – zumindest bei komplexeren Fallgestaltungen – die Festlegung standardisierter Untersuchungsprogramme nicht möglich, zumal jeweils die geplante Neunutzung eines Standortes zusätzlich zu beachten ist. Die Ingenieurleistungen sind somit für jeden Einzelfall gesondert zu vergeben.
Eine Vergabe im Rahmen eines Jahresauftrags an denselben Ingenieur wurde zwar in der Vergangenheit gelegentlich praktiziert, ist aber nicht sachgerecht. Der jeweils gesondert festzulegende Untersuchungsumfang wird von öffentlichen AG je nach Personalsituation selbst vorgenommen oder ebenfalls den anbietenden Ingenieuren überlassen. Bei privaten AG ist das Leistungsprogramm zwangsläufig von den anbietenden Ingenieuren zu erstellen und mit der zuständigen Behörde abzustimmen.

- Bauleistungen umfassen Bohrarbeiten, Schürfe, Feldversuche usw. Nicht enthalten sind hierin Sondierarbeiten, wenn diese vom Ingenieur selber ohne Zuhilfenahme von Baumaschinen ausgeführt werden können. Die Bauleistungen sind in der Regel entsprechend VOB A § 3 Abs. 4 beschränkt auszuschreiben, da hier
- außergewöhnliche Zuverlässigkeit verlangt wird und in vielen Fällen
- der Zeitaufwand einer öffentlichen Ausschreibung im Mißverhältnis zu dem erreichbaren Vorteil bzw. Wert der Leistungen stehen würde.

Größere Kommunen vergeben Bauleistungen häufig gesammelt im Rahmen eines Jahresauftrages an einen Unternehmer, wobei sich hier die Zuverlässigkeitsprüfung jedoch vielfach problematisch gestaltet. Weiterhin ergeben sich dabei häufig Schwierigkeiten mit der nach VOB A § 9 erforderlichen eindeutigen Leistungsbeschreibung.

Laborleistungen sind im Regelfall ebenfalls – aber nach VOL – auszuschreiben. Fälle, in denen der Ingenieur/Gutachter gleichzeitig Laborkapazitäten besitzt und diese Arbeiten selbst durchführt, bilden eine Ausnahme. Während sich in solchen Fällen Reibungsverluste etwa bei Probenübergaben und Beurteilung der Laborergebnisse minimieren lassen, gestaltet sich die Überprüfbarkeit der Wirtschaftlichkeit infolge fehlenden Wettbewerbs aber problematisch. Hier hat man sich bisher – auch im Rahmen des laufenden Altlastenförderprogrammes des Landes Nordrhein-Westfalen – mit einem Vergleich gängiger Marktpreise begnügt.

Aufgrund der gezeigten Verfahrensweise ist für den öffentlichen AG eindeutig, daß der Ingenieurauftrag sich nicht auf die gewerblichen Arbeiten erstrecken darf, sondern daß diese Arbeiten gesondert vom AG oder vom Ingenieur auszuschreiben sind. Folglich kann vom Ingenieur kein verbindliches Angebot für die Gesamtgefährdungsabschätzung erwartet werden. Ein häufig von einigen privaten Auftraggebern erwartetes, verbindliches Gesamtangebot führt zwangsläufig zur Unwirtschaftlichkeit, da der Ingenieur bereits bei der Angebotsbearbeitung Preisanfragen bei Bohrfirmen und Analytik-instituten vorzunehmen hat und dabei nicht unbedingt der preisgünstigste Bieter berücksichtigt werden kann. Die bei einer solchen Verfahrensweise vom Ingenieur zu tragenden Unwegbarkeiten führen zwangsläufig zu Risikozuschlägen und entsprechen keinesfalls den Grundsätzen der HOAI. Weiterhin lassen sich versicherungs-technische und steuerrechtliche Probleme nur schwer lösen, falls der Ingenieur keine Geschäftsform als GmbH aufweist.

### Sanierungsuntersuchung

Die hier anfallenden Ingenieurleistungen sind ebenfalls nicht auszuschreiben. Mit der Durchführung dieses Untersuchungsschrittes muß nicht zwangsläufig derselbe AN betraut werden, der die Gefährdungsabschätzung durchgeführt hat, da

- vielfach zusätzliche Fachdisziplinen zu beteiligen sind und,
- falls ein Ordnungspflichtiger zur Kostentragung herangezogen werden kann, der AG von der öffentlichen Hand (zuständig für die Gefahrenermittlung) zu diesem Privaten wechselt.

Bei komplexen, umfangreichen und schwierigen Verhältnissen sollte zweckmäßiger-weise der Untersuchungsumfang vom Ingenieur ausgearbeitet werden. Vielfach werden in Form eines Ideenwettbewerbs 2–3 Anbieter zur Angebotsabgabe und Ausarbeitung eines Untersuchungsumfanges aufgefordert. Da in diesem Falle von allen Bietern eine zeitaufwendige Erstellung eines detaillierten Untersuchungsprogrammes erwartet wird und in der Regel alle Vorschläge in das endgültige Untersuchungsprogramm einfließen, sollte den Bietern, die zur Vergabe nicht in Betracht kommen, eine pauschale Entschädigung des Arbeitsaufwandes gezahlt werden. Dies ist in der Vergangenheit auch teilweise erfolgt.

Die Beauftragung von Arbeitsgemeinschaften aus mehreren Anbietern hat sich in einigen Fällen im nachhinein als unvorteilhaft erwiesen, da

- bei gleichen Fachdisziplinen der Gutachter durch die Konkurrenzsituation keine Qualitätssteigerung, sondern lediglich eine Aufteilung der Gesamtarbeiten erfolgte und
- auch bei unterschiedlichen Fachdisziplinen, wie etwa Geologie, Bauingenieurwesen, Chemie oder Toxikologie, infolge von Abgrenzungs- und Koordinations schwierigkeiten keine Verkürzung der Bearbeitungszeit zu erzielen war.

In solchen Fällen empfiehlt es sich, einen Hauptingenieur zu beauftragen, der für alle benötigten Fachdisziplinen Fachingenieure in Abstimmung mit den AG beteiligt.

Die Höhe des Ingenieurhonorars sollte, entsprechend dem geschätzten Arbeitsaufwand, als Zeithonorar nach § 6 HOAI in Pauschalpositionen zusammengefaßt werden und darf keinesfalls von der vorgeschlagenen Sanierungslösung abhängig gemacht werden. Gerade hierzu gibt es in letzter Zeit kontroverse Diskussionen. So ist zur Zeit vom ITVA Fachausschuß ein Vorschlag erarbeitet worden, in dem das Ingenieurhonorar abhängig gemacht wird von den anrechenbaren Kosten der zur Ausführung kommenden Sanierungsvariante, wobei die Sanierungsuntersuchung als Vorplanung im Rahmen der Sanierungsbearbeitung angesehen wird. Ein solches Vorgehen kann unter wirtschaftlichen Aspekten infolge der Interessenkonflikte des Ingenieurs sowie auch praktikablen Gründen nicht geeignet sein, da

- die Sanierungsuntersuchung und ingenieurmäßige Begleitung der Sanierung vielfach durch den selben AN erfolgt und
- die Sanierung selbst infolge finanzieller, rechtlicher und Akzeptanzprobleme häufig erst zeitverzögert erfolgen kann.

Inwieweit die Höhe der anteiligen Ingenieurleistung abhängig von den zugehörigen gewerblichen Arbeiten wie Laborarbeiten, Pumpversuche oder Bodenreinigungs-versuche gemacht werden kann, wird zur Zeit im Rahmen eines Forschungsvorhabens untersucht.[7]

Die Vergabe der gewerblichen Arbeiten erfolgt nach VOB bzw. VOL, wobei Versuche, für die nur bestimmte Firmen in Frage kommen, zwangsläufig freihändig zu vergeben sind.

### Sanierungsmaßnahmen

Die hier anfallenden Ingenieurleistungen regeln sich aufgrund der anrechenbaren Gesamtkosten weitgehend nach der Objektliste für Ingenieurbauwerke des § 54 sowie den Leistungsbildern des § 55 der HOAI 1991. Infolge dieser eindeutigen Vergütungsregelungen – nach Festlegen der Honorarzone – ist bei öffentlichen AG ein Wettbewerb ausgeschlossen, im Gegensatz zu privaten AGs, bei denen eine Pauschalisierung oder auch Teilvergütung gängig ist. Nicht enthalten sind in den Grundleistungen

- Öffentlichkeitsarbeit, die immer dann verstärkt an Bedeutung gewinnt, wenn die zu sanierende Industriebrache innerhalb oder in der Nachbarschaft einer Wohnbebauung liegt bzw. wenn Genehmigungsverfahren für die Behandlung verunreinigter Böden erforderlich werden. Als besonders kritisch hat sich in der Vergangenheit die Genehmigung mobiler thermischer Bodenbehandlungsanlagen gezeigt. Akzeptanzprobleme ergeben sich auch bereits vielfach in den Fällen einer erforderlichen B-Planänderung.
- Kostenermittlung entsprechend der EG-Baukoordinationsrichtlinie (EG-weite Ausschreibung erforderlich?)
- Sicherheitsplanung entsprechend Richtlinie ZH 1/183 und
- Koordinatortätigkeit beim Einsatz mehrerer Fachingenieure oder zur Überwachung der finanziellen und zeitlichen Bauabwicklung.

Derartige Leistungen sind grundsätzlich auf der Basis eines Zeithonorares nach § 6 HOAI zu vergüten.

Ein Koordinator oder Generalunternehmer wird etwa bei komplexen Sanierungsfällen erforderlich, wo beispielsweise

- Abbrucharbeiten,
- Bodenreinigungsmaßnahmen,
- Grundwasserreinigungsmaßnahmen,
- Oberflächenabdichtungsarbeiten oder auch

- Dichtwandbauarbeiten

anfallen und daher im Regelfall mehrere AN beauftragt werden müssen.

Bei den gewerblichen Arbeiten hat sich bei komplexen Sanierungsfällen grundsätzlich folgende Vorgehensweise bei der Beauftragung von Firmen als praktikabel herausgestellt:

- Gesamtauftrag an Generalunternehmer oder
- aufeinanderfolgende Teilaufträge in Losen.

Eine schnelle und wirtschaftliche Sanierungsdurchführung und damit schnelle Wiedernutzbarmachung einer Fläche ist nur dann möglich, wenn

- eine ausreichende Sanierungsuntersuchung vorliegt, die alle Fragen der Entsorgung klärt, so daß erforderliche Genehmigungen sofort nach Auftragserteilung beantragt werden können und
- ein qualifizierter Generalunternehmer beauftragt wird.
- Bei privaten AG, hohen Verkauferlösen und bereits vorhandenen Neunutzern werden vielfach im Hinblick auf eine zügige Sanierungsdurchführung auch Kompromisse hinsichtlich der Wirtschaftlichkeit der Sanierungsmaßnahme gemacht.

Bei Ausschreibung der Einzellose ist, wie bei allen sonstigen Altlastensanierungen, zu unterscheiden in

- Sanierungsarbeiten und
- Dekontaminationsarbeiten.

Für die Sanierungsmaßnahmen, wie etwa Oberflächen- und Vertikalabdichtungen, sind bei der Ausschreibung der Arbeiten die bestehenden Allgemeinen Technischen Vertragsbedingungen (ATV) für Bauleistungen der VOB C zugrunde zu legen. Da die Arbeiten jedoch in kontaminierten Bereichen durchzuführen sind und es sich um keinen "normierten Baugrundboden, sondern um Abfall handelt, sind besondere Erschwernisse maßgebend, so daß die Allgemeinen Regelungen der VOB für Bauverträge nur begrenzt Gültigkeit haben. Entsprechend der VOB A § 9 hat der AG die Leistungen erschöpfend und eindeutig, mit allen sie beeinflussenden Gegebenheiten, so zu beschreiben, daß jeder Bewerber die Preise sicher und ohne umfangreiche Vorarbeiten kalkulieren kann. Hierzu ist außer den Hinweisen auf besondere Gefahren in verunreinigten Bereichen das gesamte Wissen der AG über die vorhandenen Schadstoffe zur Verfügung zu stellen.

Vorrangig sind die zu beachtenden technischen Schutzmaßnahmen und Immissions-schutzmaßnahmen zu beschreiben. In diesem Zusammenhang wird auf die vom Sachgebiet Altlastensanierung beim Fachausschuß Tiefbau erstellten Ausschreibungs-texte verwiesen.[4]

Die DIN 18300 VOB C trägt diesen speziellen Randbedingungen nicht Rechnung, so daß diese Arbeiten nicht als Nebenleistung, die auch ohne Erwähnung zur vertraglichen Leistung gehören (VOB B § 2, Nr. 1), zu werten, sondern als „besondere Leistungen“ zu behandeln sind. Die Leistungen sind daher gesondert in das Leistungsverzeichnis zu übernehmen.

Entsprechend den Ergebnissen in den „Arbeitshilfen ..."[6] wird vorgeschlagen, bei der Gliederung des Leistungsverzeichnisses folgende gesonderte Titel mit aufzunehmen:

- Emissionsreduzierung, Arbeits- und Immissionsschutz,
- Abbrucharbeiten,
- Bodenbehandlung,
- Entsorgung,
- Probennahme und Analytik (Fremdüberwachung),
- Stillstandszeiten,
- Leistungs- und Bauzeitenverlängerungen.

Des weiteren sind in den „Arbeitshilfen ...."[6] Lösungen und Regelungen erarbeitet worden, die bei Einheitspreisverträgen Nachträge minimieren sollen bzw. mögliche Streitpunkte im vorhinein aufzeigen und auf vertragliche Regelungen hinweisen.

Bei Bauleistungen, wie etwa zur Boden- und Grundwasserreinigung oder Bodenluftabsaugung und -reinigung, existieren noch keine eigenständigen ATV. In vielen Fällen kommen grundsätzlich unterschiedliche Technologien in Frage. Standardisierte Verfahren gibt es nicht. Die bisherige Ausschreibungspraxis sieht in Fällen, wo eine detaillierte Beschreibung des Verfahrensablaufs und die Erstellung eines gegliederten Leistungsverzeichnisses nicht zweckmäßig bzw. nicht möglich ist, eine Leistungsbeschreibung in Form eines Leistungsprogramms vor, in der zu regeln sind:

- die Festlegung der Sanierungsziele bzw. des Abreinigungsziels,
- die Festlegung der Randbedingungen wie zeitlicher Ablauf und örtliche Gegebenheiten sowie
- die Genehmigungsgrundlagen.

Bei der Behandlung kontaminierter Böden sind ggf. im Ansatz unterschiedliche Abreinigungsziele denkbar. In solchen Fälle sollte die Ausschreibung die Erarbeitung mehrerer Sanierungsvarianten vorsehen, über die dann nach erfolgter Angebotsabgabe auch anhand wirtschaftlicher Kriterien entschieden werden kann.

Die Vergabe der Bauleistungen regelt sich nach VOB A § 3 (national) und § 3a (EG-weit). Entsprechend VOB A § 1a ist eine EG-weite Ausschreibung bzw. Vergabe erforderlich im Falle einer zu erwartenden Gesamtauftragssumme von über 5 Mio. ECU, entsprechend 11,2 Mio. DM, und Lossummen von über 1 Mio. ECU, entsprechend 2,1 Mio. DM.

Im Regelfall findet eine beschränkte Ausschreibung (nicht offenes Verfahren) der Sanierungs- und Dekontaminationsarbeiten statt, da die Leistungen nur von einem eingeschränkten Kreis von Unternehmern ausgeführt werden können und besondere Zuverlässigkeit erforderlich ist.

Eine freihändige Vergabe (Verhandlungsverfahren) ist nur in Ausnahmefällen möglich, wenn beispielsweise aufgrund der Ergebnisse einer Sanierungsuntersuchung lediglich das Verfahren eines speziellen Anbieters in Betracht kommt, wie z. B. ein Verfestigungs- oder Extraktionsverfahren.

Eine öffentliche Ausschreibung (offenes Verfahren) ist nur bei einfachen oder kleineren Baumaßnahmen angebracht.

## 2. Bisherige Erfahrungen

Anhand bereits aufgetretener Streitfälle lassen sich folgende Problempunkte aufzeigen, die prinzipiell alle Altlastensanierungsmaßnahmen betreffen:

### Ingenieurleistungen

- Forderungen der Rechnungsprüfungsämter (PRA) nach der Vergabe auch von Ingenieurleistungen für Untersuchungen nur im Wettbewerb;
- fehlende Vergütungsregelung von Öffentlichkeitsarbeiten oder von ständig erforderlicher gutachterlicher Betreuung (etwa bei Bodenaushubarbeiten);
- OLG-Urteil: keine Unterschreitung der HOAI-Sätze zulässig.

### Laborleistungen

- Koordinations- und Interpretationsprobleme bei der Aufteilung der analytischen Arbeiten auf mehrere Untersuchungslabors,
- Ausschreibung der die Sanierungsmaßnahmen begleitenden Analytikarbeiten als Subunternehmerleistung des Bauunternehmers.

### Bauleistungen

- VOB-Beschwerden infolge unzureichender Leistungsbeschreibung nach VOB A § 9, z. B. bei der Entsorgung anfallender Abfallmaterialien (keine exakte Abfallbeschreibung, Entsorgungsfrage nicht geregelt, ....);
- unzureichende Leistungsbeschreibungen von erforderlichen Arbeits- und Emissionsschutzmaßnahmen (bisher geltende Rechtssprechung: Fragepflicht des AN zwingend!);
- Leasing statt Kauf von Reinigungsanlagen (z. B. Grundwasserreinigung).

### Vermischung unterschiedlicher Arbeiten bei Auftragserteilung

Vorsicht:

- Infolge grundsätzlich unterschiedlicher Struktur keine Vermischung von Ingenieur- und Bauleistungen.
- Eigenständige Ingenieurleistungen fallen nicht unter die VOB.
- Keine Ausschreibung oder Vergabe der gesamten GA nach dem Motto „Alles in einer Hand“.
- Unterschiedliche Gewährleistungen: Bauarbeiten nach VOB 2 Jahre, Ingenieurleistungen nach BGB 5 Jahre.
- Wenn planerische Arbeiten zwingend in der VOB-Ausschreibung verbleiben sollen (z. B. Ausführungsplanung), Abrechnung mit 60 % der HOAI-Sätze.

## 3. Zusammenfassung und Ausblick

Die in HOAI, VOB und VOL für den öffentlichen AG verbindlich festgelegten Regelungen zur Ausschreibung und Vergabe von Untersuchungen, Begutachtungen und Sanierungsmaßnahmen von Altlasten bzw. Altlastenverdachtsflächen sind nicht immer ausreichend, um eine reibungslose, rasche und wirtschaftliche Wiedernutzbar-machung von ehemaligen Industrie- und Gewerbeflächen zu gewährleisten.

Während bei Gefährdungsabschätzungen und Sanierungsuntersuchungen die bisherigen Vergütungsregelungen nach HOAI als ausreichend angesehen werden, ist bei der Vergabe von Ingenieurleistungen für Sanierungsmaßnahmen auf fehlende Regelungen der Teilleistungen "Öffentlichkeitsarbeit und "Sicherheitsplanung hinzuweisen. Es wird aufgezeigt, daß von Auftraggeberseite bei der Vergabe eine klare Trennung zwischen Ingenieurleistungen und gewerblichen Arbeiten erforderlich ist.

Kommen bei der Bearbeitung Ingenieure aus verschiedenen Fachdisziplinen zum Einsatz, ist ein Koordinator bzw. Projektingenieur unbedingt erforderlich.

Bei komplexen Sanierungsmaßnahmen wird auf differenzierte Vergabemöglichkeiten – entweder Generalunternehmer oder Teilaufträge – hingewiesen und aufgezeigt, daß eine zügige und wirtschaftliche Sanierungsdurchführung nur bei Vorliegen einer umfassenden Sanierungsuntersuchung möglich ist. Nur so können Fragen der erforderlichen Genehmigungsverfahren sowie finanzielle Aspekte hinreichend schnell gelöst werden.

Weitere Probleme bei der Vergabe von Sanierungsmaßnahmen ergeben sich vor allem durch häufig unzureichende Leistungsbeschreibungen.

Abschließend wird der Handlungsbedarf hinsichtlich fehlender Leistungsbilder in der HOAI, fehlender allgemeiner technischer Vertragsbedingungen in der VOB und fehlender Standardleistungsverzeichnisse aufgezeigt

## Literatur


1. HOAI 1991.
2. VOB
3. VOL.
4. Leistungstexte Arbeits- und Emissionsschutz vom Sachgebiet Altlastensanierung des Fachausschusses Tiefbau.
5. Hollstege 1989.
6. Arbeitshilfen zur Beauftragung von Planern, Gutachtern und Firmen mit der Sanierung von Altlasten; Bergische Universität GH Wuppertal (Prof. Diederichs).
7. DFG-Forschungsvorhaben (Titel s. unter 6.)

# Praktische Erfahrungen im Bereich der Altlastenbearbeitung insbesondere bei der Erteilung von Aufträgen zur Durchführung von Gefährdungsabschätzungen

Peter Koch

Die Altlastenbearbeitung ist ein junges Sachgebiet; es hat seinen Platz in der Verwaltungsorganisation der Gemeinden noch nicht endgültig gefunden. Demzufolge kann es nicht verwundern, daß auch die bestehenden Rechtsverordnungen, Erlasse, Arbeitshilfen und Informationsblätter noch nicht den Entwicklungsstand erreicht haben, der für eine sachgerechte Arbeit wünschenswert wäre.

Die gegenwärtige Situation ist daher gekennzeichnet durch

- ein weitgehendes Fehlen gültiger Definitionen von zentralen Fachbegriffen,
- Unsicherheiten, die auf dem Mangel an anerkannten Grenzwerten z. B. für die Festlegung von Sanierungszielen beruhen,
- das Nichtvorhandensein handhabbarer Verwaltungsvorschriften und Regelwerke.

Bisher gibt es in Nordrhein-Westfalen als Bearbeitungshilfen nur die „Arbeitshilfe zur Beauftragung von Planern, Gutachtern und Firmen mit der Sanierung von Altlasten" und die vom Murl NW veröffentlichten Hinweise zur Ermittlung und Sanierung von Altlasten.

Dazu kommen eine Anzahl von mehr oder weniger offiziellen Arbeitshilfen und Informationsblättern sowie diverser Fachliteratur, deren herausragende Kennzeichen die uneinheitliche Verwendung von Fachbegriffen, sich widersprechende Empfehlungen, praxiswidrige Ratschläge und rechtlich bedenkliche oder sogar rechswidrige Anleitungen sind.

In der Praxis kommt es durchaus vor, daß aufgrund von äußeren Einflüssen eine nicht vorhersehbare planerische Dringlichkeit entsteht, eine Brachfläche zu untersuchen, zu sichern und zu sanieren, auch wenn aus ordnungsbehördlicher Sicht wegen einer untergeordneten Nutzung kein unmittelbarer Handlungsbedarf besteht. Angesichts einer Vielzahl von unbearbeiteten sonstigen Verdachtsflächen entstehen hier ständig Zielkonflikte zwischen der vorrangigen Bearbeitung von planerisch erwünschten und ordnungsbehördlichen dringlichen Maßnahmen. Da in Nordrhein- Westfalen „die (...) Sanierung von Altlasten bei der Flächenreaktivierung und bei der Abwehr von Gesundheits- und Umweltgefahren (...) als gleichrangige und bedeutsame Aufgabe eingestuft" werden soll, muß jeweils im Einzelfall geprüft und entschieden werden, ob die Durchführung einer strukturpolitisch erwünschten Gefährdungsabschätzung an der einen Stelle das Weiterbestehen eines „rechtswidrigen Risikos" an einer anderen Stelle rechtfertigt.

Die Kommunen waren in der Vergangenheit bemüht, in einem solchen Fall beiden Ansprüchen gerecht zu werden, haben aber bei der Bearbeitung der entsprechenden Vergabevorgänge häufig die Erfahrung machen müssen, daß dem Rechnungsprüfungsamt und der zentralen Beschaffungsstelle des Hauptamtes die Bemühungen zur Bewältigung einer solch prekären Situation nicht immer begreiflich gemacht werden konnten.

Je nach Erkenntnisstand und Untersuchungsgrund/-anlaß ergeben sich folgende möglich Varianten:

## 1. Untersuchungen aufgrund ordnungsrechtlich gebotener Notwendigkeit

### Gefährdungsabschätzung

*Voraussetzung:*
Altlastenverdacht liegt vor; Erstbewertung hat die Notwendigkeit zur Durchführung einer Gefährdungsabschätzung ergeben.
*Fragestellung:*
Liegt eine Gefährdung von Schutzgütern (wenn ja, welche) im Hinblick auf die derzeitige Nutzung vor?

### Sanierungsuntersuchung

*Voraussetzung:*
Gefährdungsabschätzung hat die Notwendigkeit zur Einleitung von Sanierungsmaßnahmen ergeben.
*Fragestellung:*
Sind mit der Gefährdungsabschätzung alle Gefahrentatbestände ermittelt? Wie kann die Gefahr/können die Gefährdungen beseitigt werden?

## 2. Untersuchungen aus Anlaß struktureller/planerischer Notwendigkeiten/Absichten (z. B. Brachflächenrecycling)

### Gefährdungsabschätzung

*Voraussetzung:*
Altlastenverdacht liegt vor; Erstbewertung hat die Notwendigkeit zur Durchführung einer Gefährdungsabschätzung ergeben.
*Fragestellung:*
Ist eine Gefährdung von Schutzgütern (wenn ja, welche) im Hinblick auf die beabsichtigte Nutzung zu erwarten?

### Sanierungsuntersuchung

*Voraussetzung:*
Gefährdungsabschätzung hat im Hinblick auf die beabsichtigte Nutzung die Notwendigkeit zur Einleitung von Sanierungsmaßnahmen ergeben.

*Fragestellung:*
Sind mit der Gefährdungsabschätzung alle Gefahrentatbestände ermittelt? Wie kann durch geeignete Sanierungsmaßnahmen sichergestellt werden, daß die beabsichtigte Nutzung gefahrlos möglich ist?

## 3. Untersuchungen zum Ausschluß von Altlasten auf der Basis des Ratsbeschlusses vom 24.06.1986 (Bbpl.-Plan-Untersuchungen) .

### Risikoabschätzung

*Voraussetzung:*
Aufstellung/Änderung von B-Plänen (in der Regel liegen keine verwertbaren Erkenntnisse über mögliche Verunreinigungen von Grundwasser, Boden oder Bodenluft vor).
*Fragestellung:*
Ist eine Gefährdung von Schutzgütern (wenn ja, welche) im Hinblick auf die beabsichtigte Nutzung zu erwarten?

### Sanierungsuntersuchung

*Voraussetzung:*
Die Risikoabschätzung hat im Hinblick auf die beabsichtgte Nutzung die Notwendigkeit zur Einleitung von Sanierungsmaßnahmen ergeben.
*Fragestellung:*
Sind im Rahmen der Risikoabschätzung alle Gefahrentatbestände ermittelt werden? Wie kann durch geeignete Sanierungsmaßnahmen sichergestellt werden, daß die beabsichtigte Nutzung gefahrlos möglich ist?

## 4. Art der erforderlichen Leistungen

Im Zusammenhang mit den genannten Untersuchungen beauftragt die Stadt Herne regelmäßig

a) gutachterliche Leistungen zur Beantwortung der jeweils vorliegenden Fragestellung,
b) Analytikleistungen für Boden-, Bodenluft- und Grundwasserproben,
c) Bauleistungen zur Herstellung der erforderlichen Bodenaufschlüsse, insbesondere Grundwassermeßstellen.

Für das sich aus den gutachterlichen Aussagen ableitende Verwaltungshandeln haben insbesondere die Untersuchungen zur Gefährdungs- und Risikoabschätzung eine zentrale Bedeutung. Bei diesen Leistungen, deren Aufgabenstellung gleichermaßen mit derart gravierenden Unwägbarkeiten und hohen Ansprüchen befrachtet ist, bestehen zwischen dem prüfenden Amt und dem vergebendem Amt grundsätzliche Differenzen über die Vergabeart und über das anzuwendende Vergabeverfahren.

Über die Vergabe von Analytikleistung (VOL) und Bohrarbeiten (VOB) bestehen in der Regel keine Differenzen, sie werden zumeist beschränkt ausgeschrieben.

## 5. Vergaberegularien bei der Vergabe gutachterlicher Leistungen

Rechtslage:
Die „Natur des Geschäfts" erfordert es, gutachterliche Leistungen in der Form der freihändigen Vergabe durchzuführen. Diese Art der freihändigen Vergabe ist gegen die „freihändige Vergabe nach VOB oder VOL" abzugrenzen:

Während es sich bei der „ freihändigen Vergabe nach VOB oder VOL" in der Regel um die Vergabe ausschreibbarer Leistungen handelt, bei denen bei Vorliegen besonderer Umstände von einer Ausschreibung abgesehen werden kann, handelt es sich hier um die Vergabe von geistig-schöpferischen Leistungen, die sich der Möglichkeit der Ausschreibung entziehen. Es ist offenkundig, daß die beschriebene gutachterliche Aufgabenstellung mit ihren gleichermaßen gravierenden Unwägbarkeiten und hohen Ansprüchen sich nicht mit der Aufgabenstellung zur Bewältigung einer Bauleistung vergleichen läßt, denn „die Leistungen sind naturwissenschaftlicher und ingenieurmäßiger Art und stellen daher geistig-schöpferische Arbeiten dar, die sich in ihrem Wesen grundlegend vom Herstellen eines Bauwerks oder vom Liefern marktgängiger Waren unterscheiden".

Folgerichtig ist die freihändige Vergabe dieser Leistungen anders geregelt als die freihändige Vergabe von Bauleistungen (nach VOB) oder Leistungen (nach VOL). Hier sei auf die VOL § 1 Abs. 2 verwiesen, wo es heißt:

„Keine Anwendung findet die VOL auf Leistungen, die im Rahmen einer freiberuflichen Tätigkeit erbracht oder im Wettbewerb mit freiberuflich Tätigen von Gewerbebetrieben angeboten werden. Die Bestimmungen der Haushaltsordnungen bleiben unberührt."

Dazu heißt es in den Ausführungsbestimmungen zur VOL /7 MbL Nr. 35 vom 19. Juni 1992, Seite 752 ff.

„Einheitliche Grundsätze für die Vergabe der Gesamtheit freiberuflicher Leistun gen sind nicht vorhanden. (...) Es ist deshalb nach den (...) entsprechenden landes- oder kommunalrechtlichen Bestimmungen zu verfahren. (Danach) muß dem Abschluß von Verträgen über Lieferungen und Leistungen eine Öffentliche Ausschreibung vorausgehen, sofern nicht die Natur des Geschäfts oder besondere Umstände eine Ausnahme rechtfertigen.
(...) Es kann jedoch davon ausgegangen werden, daß der Ausnahmetatbestand bei freiberuflichen Leistungen in der Regel erfüllt ist. Sie können daher grundsätzlich freihändig vergeben werden."

Daraus ist zu folgern:
Gutachterliche Leistungen sind freihändig zu vergeben.

Entscheidend für eine rechtskonforme und sachgerechte Vergabe gutachterlicher Leistungen ist nicht nur die Festlegung der Vergabeart (hier: freihändige Vergabe). Die oben vorgenommene Abgrenzung zwischen ausschreibbaren und nicht ausschreibbaren Leistungen bringt mit sich, daß auch die Wahl des aus der Vergabeart in sinnvoller Weise abzuleitenden Vergabeverfahrens dieser Unterscheidung entsprechen muß. Da „nur das Zusammenwirken der verschiedenen Fachdisziplinen und das Einbe- ziehen der vielfältigen Erfahrungen bei der Behandlung der Altlasten zu optimalen Sanierungslösungen in ökologischer, ökonomischer und technischer Hinsicht führen", kann das Verfahren, das die verantwortliche Auswahl der Sachverständigen und die Formulierung der mehrere Wissenschaftsbereiche tangierenden Aufgabenstellung regelt, nicht das gleiche sein, wie es z. B. für die Vergabe von definierbaren und daher prinzipiell ausschreibbaren Leistungen angemessen ist.
Daraus ist zu folgern:

Das VOL-Verfahren der freihändigen Vergabe findet keine Anwendung.
Dem folgt das prüfende Amt nicht.

Es faßt die „freihändige Vergabe nach VOL" und die „freihändige Vergabe ohne Anwendung der VOL" ungeachtet der dargestellten rechts- und sachimmanenten Unterschiede unter den Begriff „freihändige Vergabe mit Wettbewerb" zusammen und ordnet dieser ein einziges Vergabeverfahren zu, das mit seinen den Bestimmungen der VOL entnommenen Elementen „ Leistungsbeschreibung" oder „funktionale Leistungsbeschreibung" und der daran geknüpften Erwartung auf vergleichbare Angebote den Erfordernissen, die an die Vergabe geistig-schöpferischer Leistungen zu stellen sind, nicht gerecht werden kann.

Es wird somit kein Unterschied zwischen der Vergabe gutachterlicher Leistungen und der freihändigen Vergabe von Leistungen etwa nach § 3 Nr. 4 i VOL/A.

## 6. Diskussion der Begriffe „Wirtschaftlichkeit" und „Wettbewerb"

### Wirtschaftlichkeit

Zur Realisierung der allgemeinen Haushaltsgrundsätze stellt sich uns bei der Suche „nach dem günstigsten Verhältnis zwischen der Zielsetzung und den notwendigen Mitteln" regelmäßig die Frage, ob das Ergebnis der Bearbeitung die Höhe der eingesetzten Mittel rechtfertigt. Zielsetzung ist dabei nicht die Vergabe von Aufträgen unterschiedlicher Art, sondern z. B.

- die Abwendung von Gefahren,
- die Gewährleistung gesunder Wohn- und Arbeitsverhältnisse,
- die Wiederherstellung von Nutzungsmöglichkeiten von Industriebrachen.

Bei der Vergabe von Aufträgen zur Erreichung dieses Ziels ist die Wirtschaftlichkeit des Angebots also durch die Gegenüberstellung der Kosten und des Wertes der Zielsetzung zu ermitteln.

Da der Wert von Grundwerten wie „Gesundheit" oder von Schutzgütern wie „sauberes Grundwasser" sich (noch) nicht quantifizieren und damit bilanzieren läßt, wirft die Frage, ob ein Angebot als „wirtschaftlich" anzusehen ist, nahezu unüberbrückbare Schwierigkeiten auf.

Daneben gilt, daß die Frage der Wirtschaftlichkeit der Altlastenbearbeitung ganz wesentlich auch von der (Rest-)Risikodiskussion gesteuert wird. Bei der Frage, was als Restrisiko nach Durchführung einer Maßnahme als akzeptabel angesehen wird, sieht sich die Fachverwaltung zusammen mit dem Gutachter alleingelassen:

Da es ein sog. Nullrisiko nicht geben kann, stellt sich z. B. die Frage, ob eine Maßnahme, die 100.000 DM kostet und bei der ein Risiko von 1 % verbleibt, ausreichend ist, oder ob ein verbleibendes Restrisiko von 0,1 % anzustreben ist, das dann, bei Anwendung der gleichen Technik, einen Kostenaufwand von mindestens 1.000.000 DM erfordert.

Es ist unsere Auffassung, daß unsere Tätigkeit im Interesse der Schonung des öffentlichen Haushalts vorrangig darauf gerichtet sein muß, in Zusammenarbeit mit kompetenten Wissenschaftlern moderne Risikomanagementmethoden zu entwickeln und zu erproben, die die mit einer Risikominimierung einhergehende exponentielle Steigerung der Kosten vermeiden helfen.

Dabei muß die Frage nachrangig bleiben, ob es gelingt, die 100.000-DM-Maßnahme mit verwaltungsökonomischen unverhältnismäßig hohem Aufwand für 95.000 DM zu beauftragen.

Ein erster Schritt auf dem Weg in ein modernes Risikomanagement wurde bei der Behandlung der Altlast Leibnizstraße gegangen. Hier konnte durch neue Methoden der Risikobewertung in Verbindung mit entsprechender Öffentlichkeitsarbeit und Akzeptanzförderung ein zweistelliger Millionenbetrag eingespart werden, weil es gelungen ist, letztendlich ein Konzept durchzusetzen, das es gestattete, den kontaminierten Boden vor Ort zu belassen, obwohl anfangs hierfür die planungs- und abfallrechtlichen Voraussetzungen nicht vorlagen. Daneben konnte während der laufenden Sanierungsarbeiten durch Anpassung der Vorgehensweise zum Grundwasserschutz an die parallel gewonnenen Erkenntnisse die beabsichtigte 30 %ige Bundesförderung durch eine 80 %ige Landesförderung ersetzt werden.

Um diese Ziele zu erreichen, war ein besonderer Einsatz gegenüber den bügerschaftlichen Gremien, den betroffenen Bürgern, der Genehmigungsbehörde und den Zuwendungsgebern gerechtfertigt und lohnend. Es wäre fatal, hier die Bearbeitungspriorität zugunsten eines förmlichen Vergabeverfahren zu verschieben.

Die prüfenden Ämter nehmen an dieser Wirtschaftlichkeitsdiskussion nicht teil. Sie beschränken sich darauf, die Forderung nach wirtschaftilchem Handeln bei der Erteilung von Aufträgen bereits als erfüllt anzusehen, wenn ein Ausschreibungs- oder ausschreibungsähnliches Verfahren zu rechnerisch vergleichbaren Angeboten geführt hat, die dann zur Grundlage der Wertung gemacht werden können.

Wir sind der Auffassung, daß sich die beschriebene tiefgreifende Problematik nicht durch die schematische Forderung nach einem formalisierten Vergabeverfahren bewältigen läßt.

## Wettbewerb

Die prüfenden Ämter setzten die Durchführung eines Ausschreibungs- oder ausschreibungsähnlichen Verfahrens mit der Durchführung von „Wettbewerb“ gleich; sie sehen „Wettbewerb“ als nicht gegeben an, wenn ein solches Verfahren nicht durchgeführt wurde.

Wenn aber Wettbewerb ein „wesensnotwendiges Element eines jeden Vergabeverfahrens“ ist, gleichzeitig aber die Möglichkeit der „freihändige Vergabe ohne Wettbewerb“ eingeräumt wird, so zeigt sich hier ein Widerspruch, der auf die Einengung des Begriffs „Wettbewerb“ auf „Preiswettbewerb“ zurückzuführen ist und der nur aufgelöst werden kann, wenn der Begriff „Wettbewerb“ weiter ausgelegt wird, als das nach dem Verständnis der Prüfämter z. Z. möglich ist.

Wettbewerb im Sinne der obengenannten Stellen herzustellen, ist ohne weites möglich bei der Durchführung von öffentlicher oder beschränkter Ausschreibung. Bei der Durchführung einer freihändigen Vergabe nach VOB oder VOL zeigen sich bereits Grenzen, weil je nach Lage des Einzelfalls vergleichbare Angebote nicht erwartet werden können.

Vollends entzieht sich die freihändige Vergabe gutachterlicher Leistungen diesem Wettbewerbsverständnis:

Gutachterliche Leistungen im Rahmen von Gefährdungsabschätzungen und Sanierungsuntersuchungen sind wissenschaftliche Arbeiten mit einem hohen Anteil wertender und interpretierender Elemente, Sie vollziehen sich in einem wenig gesiherten wissenschaftlichem Umfeld oft unter dem Zwang, sozialverträgliche Lösungen anbieten zu müssen.Dies setzt nicht nur gutachterliche Unabhängigkeit voraus, sondern bedeutet auch „Erfolgszwang im ersten Anlauf“. Hoher wissenschaftlicher Standard und Fähigkeit zur Herstellung von Akzeptanz lassen sich nicht über eine Leistungsbeschreibung einfordern, entsprechende Angebote sagen nichts über die Fähigkeit der Bieter, der Aufgabenstellung in qualitativer Hinsicht gerecht werden zu können. Der „Stand der Wissenschaft“ ist nicht in gleicher Weise abrufbar wie der „Stand der Technik“

Die Beauftragung des für den spezifischen Einzelfall „richtigen“ Gutachters muß nach Auffassung des Amtes für Umweltschutz vorrangig von den Wettbewerbselementen „wissenschaftilche Qualifikation“ und „praktische Erfahrung“ bestimmt werden. Dabei sehen wir unsere Aufgabe darin, durch Prüfung von Referenzen, durch Einbringen eigenen Erfahrung, durch Gespräche mit dem Gutachter und durch zugleich fachkritische und vertrauensvolle Begleitung des Gutachters gemeinsam mit diesem auf den Erfolg der Maßnahme hinzuarbeiten.

Dieser Auffassung folgt auch der im folgenden zitierte Forschungsbericht:

*Die Vergabe von Ingenieurleistungen soll freihändig erfolgen, jedoch sind zur Erhaltung des Wettbewerbs mindestens drei Anfragen bei fachkundigen und zuverlässigen Anbietern einzuholen.Der ATV-Fachausschuß „Qualitätsmerkmale bei der Planung und Bauausführung“ fordert in seinem Arbeitsbericht vom April 1991, daß ausschließlich Qualitätsanfragen zu tätigen sind. In der heutigen Praxis werden darüber hinaus häufig Preisanfragen durchgeführt mit dem Ergebnis der ungeprüften Beauftragung des billigsten Bieters. Diese Pro-*

*blematik wird von den Rechnungsprüfungsämtern bisher nicht hinreichend bewältigt. Vielfach wird von diesen sogar eine Ausschreibung der Ingenieurleistungen verlangt. Dies ist gemäß BGH-Entscheidung vom 02.Mai 1991 (BGH I ZR 227/89) gesetzwidrig.*

Damit sind in erster Linie qualitative Bewertungskriterien zugrunde zu legen, wobei jedoch die Angemessenheit des Angebotspreises nicht außer acht gelassen werden darf.

Da „zur Prüfung der Angemessenheit des Honorares eine Plausibilisierung über aggregierte Kennwerte angestrebt wird (z. B. DM/m$^2$ Grundstücksfläche unter zu definierenden Randbedingungen)", wird deutlich, daß eine Preisanfrage bei mehreren Bietern nicht vorgesehen ist. Eine solche Preisangemessenheitsprüfung wäre bei der Vorlage mehrerer Angebote überflüssig.

Im erwähnten ATV-Arbeitsbericht heißt es:

*Geistige Leistungen sind nicht wie materielle Leistungen von ihrer Durchführung vergleichbar, Sie lassen sich nicht in Leistungsverzeichnissen festlegen, wie das zum Beispiel für Bauleistungen und Maschinenlieferungen möglich und erforderlich ist. Das erklärt sich auch aus der Vielschichtigkeit der Aufgaben und den bei Vertragsabschluß der Ingenieurleistungen häufig noch unbekannten Randbedingungen. Daher können diese Leistungen erst recht nicht über einen Preisvergleich bewertet werden.*

*So soll die Auswahl der beratenden Ingenieure nach ausschließlich leistungsbezogenen Gesichtspunkten und nicht über das ungeeignete Mittel der Preisanfragen durchgeführt werden. Demgemäß darf auch die VOL/A für die Vergabe von Ingenieurleistungen nicht herangezogen werden(VOL/A § 1 Nr. 2).*

Aus der im weiteren getroffenen Festlegung, daß die Bewerbung „ausschließlich die projektspezifische Qualifikation des Bewerbers darlegt und keine Honorare nennen" soll, ergibt sich in Übereinstimmung mit der Auffassung des Amtes für Umweltschutz, daß bei der Vergabe gutachterlicher Leistungen nicht Preis- sondern Ideen-, Leistungs- und Qualitätswettbewerb zu praktizieren sind.

Wir sind der Auffassung, daß bei der Vergabe gutachterlicher Leistungen ausschließlich die Anwendung dieser Wettbewerbsform der sparsamen und wirtschaftlichen Haushaltsführung einerseits und den geltenden Rechtsvorschriften andererseits gerecht wird.

## 7. Durchführung einer Preisanfrage am Beispiel von 3 Bebauungsplänen

Wir haben für die Untersuchung von 3 B-Plänen eine Leistungsbeschreibung erstellt. Diese allgemeine Leistungsbeschreibung enthielt keine Vorgaben der Untersuchungsparameter, der Anzahl der Sondierungen und Bohrungen, denn dadurch wäre der Gutachter in der Planung seiner Leistung bereits eingeengt und die wesentlichen Merkmale der gutachterlichen Leistung (geistig, schöpferisch, wissenschaftlich, unabhängig) würden in den Hintergrund treten. Der Gutachter als Erfüllungsgehilfe – nicht als außenstehend objektiv Wertender.

Das Ergebnis war ein eindeutiger Beweis für den Standpunkt unseres Amtes, daß jeder Gutachter eine eigene Strategie bei der Erarbeitung eines Untersuchungskonzeptes verfolgte. Der unterschiedliche Untersuchungsablauf (Sondierung, Bohrung, Analytik) zeigte auf, daß die Gewichtung dieser zum Gutachten gehörenden Leistungen individuelle Wertungen des einzelnen Gutachters waren. Damit verbunden waren natürlich auch die sich daraus ergebenden Gesamtkosten bzw. Einzelpreise (z. B. geringes Honorar für den Gutachter, aber hohe Kosten bei Pegelbau und der Analytik). Die sich aus dieser Preisanfrage ergebenden Angebote für gutachterliche Leistungen waren rein rechnerisch nicht vergleichbar und die Auswertung setzte fachkundige Mitarbeiter voraus, der das ohnehin schwer zu ermittelnde wirtschaftlichste Angebot mit der besten Untersuchungsstrategie auszuwählen hatte.

Bei allen drei B-Plänen wurden die Vergaben wegen der Nichtvergleichbarkeit der Angebote (rechnerische Vergleichbarkeit) abgelehnt.

Ziel eines Gutachtens ist die Beantwortung eines ganzen Fragenkomplexes, der sich aufgrund der Nutzung, der Historie und der Struktur einer Fläche ergibt. Diese Komplexität der Fragestellungen läßt sich ohne Kenntnis der Vorgehensweise des einzelnen Gutachters nicht so weitreichend detaillieren, daß man den Ansprüchen und Vorstellungen der Aufsichtsämter gerecht wird.

Die Fragen, die sich aus der Historie, Nutzung oder Struktur einer Fläche ergeben, sind die wesentlichen Grundlagen eines Leistungsbildes. Es ist in seinen Grundzügen zu strukturieren und sollte den Rahmen für ein individuelles Angebot bilden. Jedoch ist der fallspezifischen Vorgehensweise des angefragten Gutachters Raum zu lassen.

Nachweislich besteht ein direkter Zusammenhang zwischen gutachterlicher Vorgehensweise und den Untersuchungskomponenten (Rammsondierungen, Bohrarbeiten und Analytik). Daher sind fest vorgegebene Mengenansätze als Instrument zur Herstellung von Wettbewerb ungeeignet und tragen dem Grundsatz nach sparsamer Haushaltsführung in keinster Weise Rechnung. Denn kostenrelevant für ein Gutachten sind alle Einzelkomponenten, auch Bohrung und Analytik. Preiswerte Sondierungen, aber ein hoher Bedarf an Bohrarbeiten und Analytik können zu hohen Gesamtkosten führen, ohne daß dies im gewünschten Verfahrensweg ausreichend berücksichtigt wird.

Entscheidend für die Auswahl des Gutachters kann nicht der Einzelpreis für erforderliche, durch den Gutachter selbst auszuführende (VOB oder VOL) Leistungen sein, sondern die Gesamtkonzeption des Gutachtens, die sich daraus ergebenden Gesamtkosten und wie weitreichend die gestellten Fragen mit diesem Instrumentarium beantwortet werden.

Der Gradmesser bei der Auswahl eines medizinischen Gutachters ist sicherlich nicht der Einzelpreis für die Entnahme einer Blutprobe, sondern das gutachterliche Konzept, die sich daraus ergebenden Gesamtkosten aber auch die zu erewartende Akzeptanz des Gutachtens, das eng verknüpft ist mit der Person des Gutachters.

Diese Gesammtzusammenhänge lassen sich für den Nichtfachmann nicht immer in letzter Konsequenz nachvollziehbar darstellen.

## Literatur


Bernhard H et al. (1991) Kommunales Haushaltsrecht NW. Witten

Diederichs CJ, Rüller G (1992) Arbeitshilfen zur Beauftragung von Planern, Gutachtern und Firmen mit der Sanierung von Altlasten. Wuppertal

Dienstanweisung über das Beschaffungs und Vergabewesen bei der Stadt Herne. VergabeDA 1980

Erläuterungen zur VOL/A. MBl NW Nr. 35 vom 19. Juni 1992, S. 752 f.

Gemeindeordnung für das Land Nordrhein-Westfalen

Hinweise zur Auswahl unabhängig Beratender Ingenieure für Aufgaben der Abwasser und Abfalltechnik. Arbeitsbericht des ATV-Fachausschusses 6.6 „Qualitätsmerkmale bei der Planung und Bauausführung“ in KA 4/91 S. 517

HOAI – Honorarordnung für Architekten und Ingenieure 1992

Informationsblatt (1988) zur Beantragung von Zuwendungen des Landes für Gefährdungsabschätzungen und Sanierungsuntersuchungen bei Altstandorten oder Altablagerungen. MURL NW

Kulartz/Portz (1993) VOL – Verdingungsordnung für Leistungen (ausgenommen Bauleistungen), 2. Aufl.

MURL NW (1991) Hinweise zur Ermittlung und Sanierung von Altlasten, 2. Lieferung, 2. Aufl. Düsseldorf

Sondergutachten Altlasten (1990); Rat der Sachverständigen für Umweltfragen, Stuttgart

# CAS („computer-aided sampling") als qualitätssichernde Maßnahme bei der Grundwasserbeprobung

Dietmar Haas

Das Thema des Seminars lautet: Ausschreibungs- und Vergabepraxis bei Leistungen im Rahmen der Altlastenbearbeitung. Im Rahmen dieses Beitrags soll ein Thema angesprochen werden, daß in der letzten Zeit zunehmend an Bedeutung gewinnt: die Probenahme, speziell: die Entnahme von Grundwasserproben.

Ein wichtiger Bestandteil der Risikoabschätzung einer Altlastverdachtsfläche ist die chemische Analytik von Boden-, Bodenluft- und Grundwasserproben.

Die Ergebnisse der chemischen Analytik und deren Interpretation und Bewertung können jedoch nicht besser sein als die Proben, die zuvor entnommen wurden. Der Umstand, daß auch der beste Chemiker die Qualität einer Probe nachträglich nicht mehr verbessern kann, wurde in den vergangenen Jahren leider allzu oft übersehen. Um so erstaunlicher ist es, daß an dieser Stelle immer wieder gespart wird. Denn der Fehler bei der Probenahme wird im Gegensatz zu den Laboranalysen nicht nach, sondern *vor* dem Komma gemacht!

Die Analytik macht in vielen Fällen weit über 50% der Kosten beim Bearbeitungsschritt „Gefährdungsabschätzung" aus. Und die Ergebnisse der Analytik tragen ganz wesentlich zu der Entscheidung bei, ob eine „Altlast" (Altablagerung oder Altstandort) saniert oder überwacht werden muß. Da die Qualität einer Analyse also über nicht unerhebliche Folgekosten mitentscheidet, ist es nicht verwunderlich, daß Umweltlaboratorien sich in zunehmendem Maß um die Qualitätssicherung bemühen. Als Stichworte seien an dieser Stelle genannt: Zulassung, Ringversuche, GLP-Richtlinien, DAP-Akkreditierung, ISO 9000.

Natürlich wird über Qualitätssicherung bei der Probenahme diskutiert. „Dokumentation" oder „Preis" werden aber kaum angesprochen. Dabei fängt die Qualitätssicherung für den Fall der kommerziellen Probenahme bereits bei der Ausschreibung an. Darüber soll an dieser Stelle berichtet werden.

## 1. Stand der Technik

Eine sach- und fachgerechte Probenahme umfaßt folgende Schritte:

- Vorbereitung und Planung der Probenahme,

- Durchführung der Probenahme,
- Messung der „Vor-Ort“-Parameter,
- Entnahme und parameterspezifische Konservierung der Grundwasserproben,
- Dokumentation der Probenahme,
- Transport zum Labor.

Leider sagt die DIN 38402, Teil 13 zur Technik der Probenahme nur wenig aus: „Es ist sicherzustellen, daß die entnommene Probe für das zu untersuchende Grundwasser repräsentativ ist.“ Demgegenüber stellt die DVWK-Regel 128 aus dem Jahr 1992 einen erheblichen Fortschritt dar.

Inzwischen stehen Probenahmeverfahren zur Verfügung, die eine Überwachung sämtlicher Arbeitsschritte durch einen Meßcomputer erlauben und durch eine ausführliche Dokumentation die Probenahme selbst transparenter machen.

Dabei werden in einem Probenahmeprotokoll nicht nur die Werte zum Zeitpunkt der Probenahme erfaßt, sondern alle mit Hilfe geeigneter Sensoren vor Ort gemessenen Parameter einschließlich Wasserstands- und Durchflußmessungen *kontinuierlich* aufgezeichnet.

Die vom Rechner kontinuierlich aufgezeichneten Daten ergeben nach Beendigung der Probenahme ein lückenloses Protokoll (Abb.1). Die Dokumentation (Text *und* Grafik) ist ein wesentliches Element der Qualitätssicherung bei der Grundwasserprobenahme.

In diesem Zusammenhang wird auf die aktuelle Literatur verwiesen, die sich ausführlich mit der Grundwasserprobenahme und deren Dokumentation unter dem Aspekt der Qualitätssicherung befassen (LWA 1990, 1991; van Straaten 1991, 1992, 1993; Haas u. van Straaten 1992; Söhngen 1993).

## 2. Ausschreibungspraxis

Technischen Maßnahmen reichen alleine nicht aus, um eine Qualitätssicherung sicherzustellen. Im Rahmen der kommerziellen Probenahme kommt es ganz besonders darauf an, die durchzuführenden Leistungen auch richtig auszuschreiben.

Hierzu ein Beispiel aus der Praxis. Im Rahmen eines analytischen Überwachungsprogramms für eine Altablagerung wurde die Position „Probenahme“ wie folgt ausgeschieben:

| Position 1 | Position 1 a | Position 1 b |
|---|---|---|
| Probenahme | Stück: sach- und fachgerechte Wasserprobenahme (Abpumpen bis zur pH/T-Konstanz, inkl. An- und Abfahrt | Stück: Feldbestimmung der Parameter Temperatur, pH-Wert, Leitfähigkeit, Sauerstoff, Färbung, Trübung, Geruch |

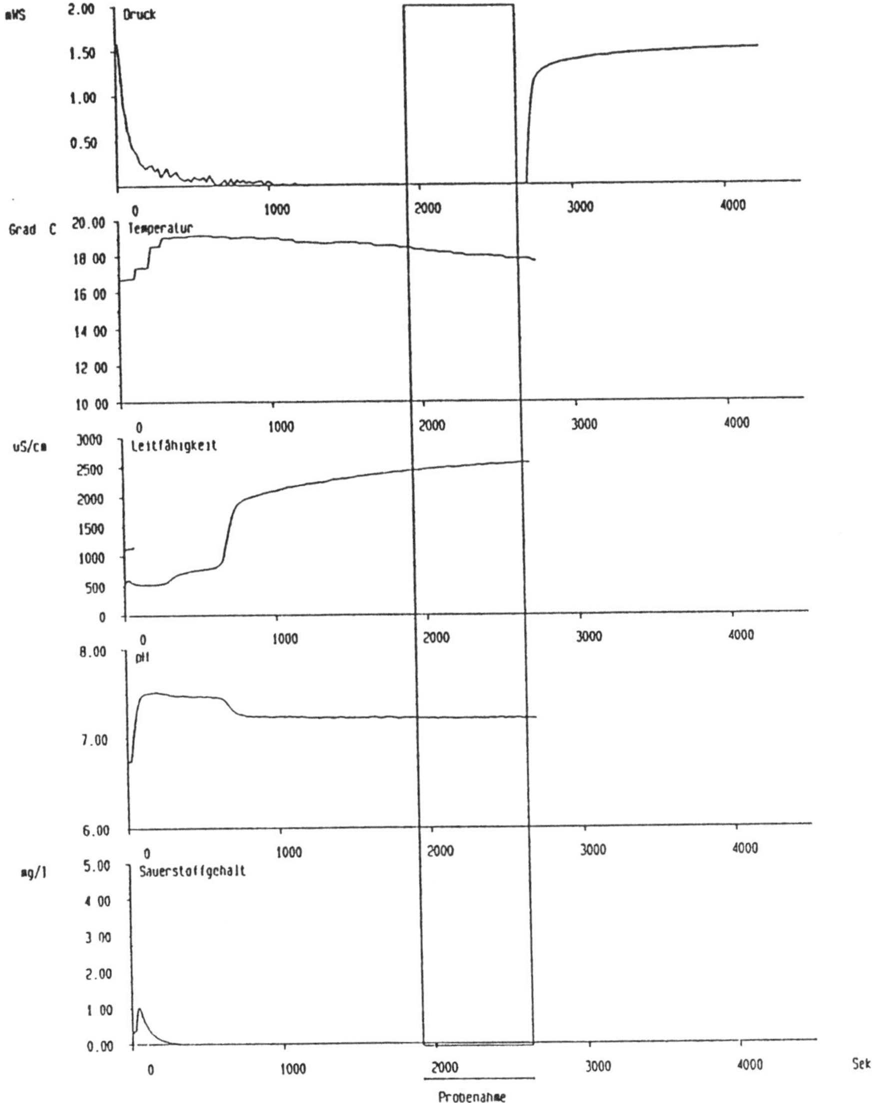


**Abb. 1.** Beispiel für die graphische Dokumentation der Probenahmebedingungen an Grundwassermeßstellen

Wie wird ein Anbieter kalkulieren? Er wird davon ausgehen, daß eine bestimmte Zeit ausreicht, bis sich die Leitfähigkeitskonstanz einstellt. Da er im Wettbewerb anbietet, bemißt er diese Zeit möglich kurz, um günstig anbieten zu können. Ist bei der Durchführung der Probenahme die Leitfähigkeitskonstanz nach der „bemessenen" Zeit nicht erreicht und erfolgt keine kontinuierliche Aufzeichnung (s. oben), dann „merkt" es keiner, wenn die Probe trotzdem

genommen wird. Wird kontinuierlich gemessen und aufgezeichnet, dann kann man sich auf eine mangelnde Leistungsbeschreibung berufen. Der Fehler ist in beiden Fällen möglicherweise erheblich, bei Vorliegen einer Aufzeichnung jedoch nachträglich immerhin erkennbar.
Die obengenannte Ausschreibung hatte folgenden Preisspiegel (Position 1 a + 1 b):

Bieter A: 54,00 DM, netto 100 %;
Bieter B: 147,50 DM, netto 273 %;
Bieter C: 298,00 DM, netto 552 %;
Bieter D: 370,00 DM, netto 685 %.

Wer täglich mit diesen Dingen zu tun hat, wird bestätigen, daß solche Preisspannen keine Seltenheit sind. Unterstellt man, daß alle Bieter eine korrekte Probenahme durchführen wollen, dann dürfte der „reelle Preis" zwischen Bieter C und D liegen. Bieter A und B haben möglicherweise die Probenahme durch die Laboranalytik „subventioniert", ein nicht ganz unübliches Verfahren, das jedoch zu Lasten des Qualtätssicherungsetats im Labor gehen dürfte.

Deshalb muß die Ausschreibung problemangepaßt formuliert und die Leistung umfassend beschrieben werden. Hier empfielt es sich z. B., zwischen kalkulierbaren Positionen (z. B. An- und Abfahrt, Einrichten, Umsetzen etc.), für die Festpreise möglich sind, und systemabhängigen Größen (z. B. Pumpdauer bis zum Erreichen der Leitfähigkeitskonstanz), die nur nach Aufwand abgerechnet werden können, zu unterscheiden. Alternativ kann die Pumpdauer bzw. das abzupumpende Volumen fest vereinbart werden, das Erreichen der Leitfähigkeitskonstanz kann bei dieser Vorgehensweise jedoch nicht garantiert werden.

## 3. Musterleistungsverzeichnis für die Entnahme von Grundwasserproben

Ein gutes Leistungsverzeichnis sollte die folgende Bereiche abdecken:

- Einrichtung der Gerätschaften,
- Grundwasserprobenahme (mit Hydrosens-CAS oder gleichwertig),
- Wasserprobenahme in kontaminierten Bereichen,
- Arbeitsschutzmaßnahmen bei Probenahmen in kontaminierten Bereichen,
- Probentransport,
- begleitende Arbeiten.

*Im Anhang zu diesem Beitrag wird ein Musterleistungsverzeichnis vorgestellt, das der beschriebenen Problematik Rechnung trägt.*

## 4. Kostenaspekte

Qualität hat bekanntlich ihren Preis. Zunächst einmal sollte es selbstverständlich sein, die Qualität um des beabsichtigten Ergebnisses willen zu sichern. Wenn dieses Ergebnis andernfalls in Frage steht, sollte Kostenaspekte eigentlich zurückstehen. In der Praxis ist dies jedoch meistens nicht der Fall (anders sieht es bei der Indirekteinleiterüberwachung aus, wo sich analytische Fehler bei Grenzwertüberschreitungen in direkte Kosten verwandeln können). Dabei wird übersehen, daß wie in der Einleitung beschrieben, Fehler bei der Analytik (die Probenahme ist ein Bestandteil der Analytik) nicht unerhebliche Folgekosten nach sich ziehen können. Beispiele hierfür sind:

- Schadensvergrößerung durch nicht rechtzeitig erkannte Belastungen,
- durch „Fehlalarm" ausgelöste Aktivitäten, bis hin zu umfangreichen Gutachten,
- nicht gerechtfertigte Sanierungsmaßnahmen,
- erhebliche Kostenüberschreitungen bei Sanierungsarbeiten,
- Haftungsfragen.

Das Problem dabei ist, daß diese Folgekosten aus naheliegenden Gründen zunächst nicht in Erscheinung treten, bei der Bewertung von Angeboten also nicht berücksichtigt werden können. Andererseits treten die Folgekosten natürlich auch dann nicht auf, wenn sie durch qualitätssichernde Maßnahmen vermieden wurden. Sie werden nur sichtbar, wenn sie als Folge mangelhafter Arbeit bereits entstanden sind. Insofern bedarf es des vorausschauenden Denkens eines Auftraggebers, qualitätssichernde Maßnahmen nicht nur aus fachlichen Gründen zu fordern, sondern auch im Sinne einer Kostenminimierung.

Besondere Möglichkeiten der Kostenminimierung ergeben sich aber auch, wenn im Rahmen von Überwachungsprogrammen zahlreiche Meßstellen über lange Zeiträume hinweg jährlich mehrfach beprobt werden müssen, meist auf umfangreiche Parameterlisten z. B. Richtlinie WÜ-77, Deponieüberwachungsplan Wasser (NLFB/NLWA 1991). Denn bei Einsatz eines Qualitätssicherungssystems wie dem CAS ist es durchaus vertretbar, nach einem gewissen Beobachtungszeitraum den Parameterumfang bzw. die Anzahl erforderlicher Vollanalysen zu reduzieren, was über die Jahre hinweg zu ganz erheblichen Kosteneinsparungen trotz Qualitätssicherung führen kann.

Aber was kostet denn nun eine „qualitätsgesicherte Grundwasserprobe"? Selbstverständlich kann an dieser Stelle keine ausgefeilte betriebswirtschaftliche Kalkulation vorgelegt werden. Es ist jedoch möglich, einige Aspekte so zu beleuchten, daß die Kosten für eine Probenahme verständlich werden.

Nehmen wir ein Beispielprojekt, in dem keine Grundwasserkontamination zu erwarten ist und die Meßstellen gut zugänglich und nicht allzu weit voneinander entfernt sind. Nehmen wir ferner an, daß ohne CAS-Ausstattung gearbeitet wird:

Für Zusammenstellen, Be- und Entladen einschließlich Gerätereinigung und -wartung, An- und Abfahrt sowie für die Nachbereitung des handschriftlichen Protokolls sind insgesamt 2 Arbeitsstunden anzusetzen. Bleiben 6 Stunden für die Probenahme. Das Einrichten der Meßstelle (Ein- und Ausbau der Pumpe,

Einpacken und Auspacken der Meßgeräte, Tiefenlotung und Wasserstandsmessung sowie Prüfen auf Trübung, Geruch und sonstige Nebenarbeiten) nimmt 20 Minuten in Anspruch, das Umsetzen 10 Minuten. Für das Abpumpen bis zur Leitfähigkeitskonstanz werden 15 Minuten benötigt, für die Probenahme einschließlich Protokollierung, Beschriftung der Flaschen, Konservierungsmaßnahmen etc. noch einmal rund 15 Minuten. Das macht alles in allem je Meßstelle rund eine Stunde, also 6 Proben.

Unterstellt man eine sorgfältige Probenahme, dann sind also je Einsatztag nicht mehr als 5–6 Grundwasserproben zu entnehmen. Geht man von einem mittleren Tagesverrechnungssatz von DM 2000,– je 8 Stunden Einsatztag aus (Kosten für interne Qualitätssicherung wie Schulungen, Gerätewartung und Projektleitung, Kosten Probenahmeteam, Mobilisierungs- und Vorhaltungskosten, An- und Abfahrt etc.), ergibt sich bei 5–6 Proben je Tag eine durchschnittliche Spanne von netto rund DM 330,– bis 400,– je Probe (vgl. hierzu den oben angeführten Preisspiegel). Natürlich sind Abweichungen möglich, insbesondere wenn Arbeiten in stark kontaminierten Bereichen anfallen, nur wenige Proben zu entnehmen sind (die anfallenden Grundkosten sind die gleichen, egal ob 2 oder 20 Proben entnommen werden) oder wenn in gering durchlässigen Gesteinen nach erfolgter Probenahme noch der Wiederanstieg zu messen ist.

Wie kommt es aber dann zu den heute „üblichen" Preisen, die zwischen DM 50,– und DM 80,– je Probe liegen?

Selbst bei einem Verrechnungssatz, der nur die Hälfte des obengenannten Satzes betragen würde (wobei die betriebswirtschaftliche Seite einmal dahin-

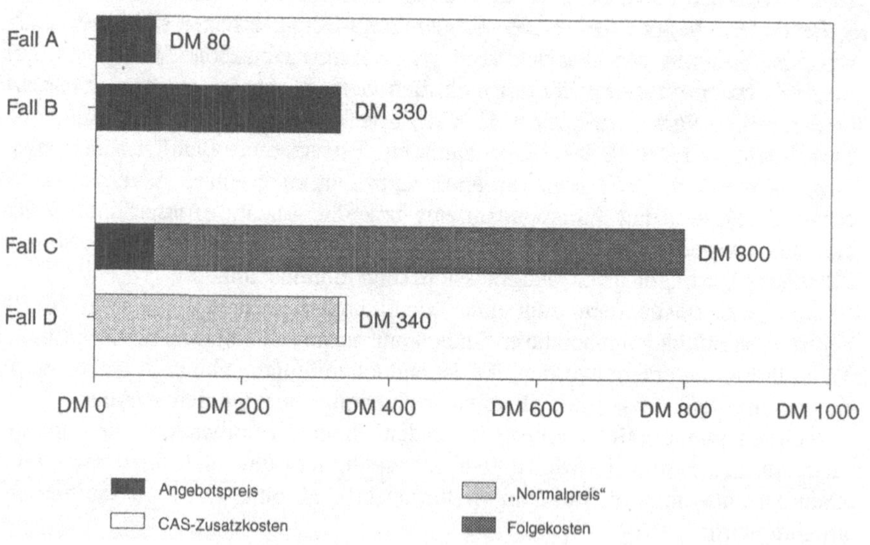


**Abb. 2.** Kostenvergleich (Beispiel) unter Berücksichtigung von QS und Folgekosten. *Fall A:* billige bzw. subventionierte Probenahme; *Fall B:* sorgfältige Probenahme mit teilweiser QS; *Fall C:* billige Probenahme mit sichtbar gemachten Folgekosten; *Fall D:* sorgfältige Probenahme mit CAS als ergänzende QS-Maßnahme

gestellt sei), ergibt sich eine Spanne von DM 160,– bis DM 200,– je Probe. Daraus kann gefolgert werden, daß bei DM 50,– bis DM 80,– je Probe entweder nicht sorgfältig gearbeitet wird oder daß der Preis für die Probenahme durch die Laboranalytik subventioniert wird. Letzteres könnte einem Auftraggeber egal sein, nur muß er sich dann darüber im Klaren sein, daß dies wahrscheinlich zu Lasten der Qualitätssicherung im Labor geht.

Dabei fallen die Kosten, die für eine Ausstattung des Probenahmearbeitsplatzes über das „Normalmaß" hinaus mit Qualitätssicherungseinrichtungen wie z. B. Hydrosens-CAS aufgebracht werden müssen, insgesamt kaum ins Gewicht. Sie bewirken jedenfalls im Verhältnis zu anderen Kostenfaktoren keine signifikante Änderung an der obengenannten Spanne. Geht man von einer Investitionssumme von DM 30.000.– aus, einer linearen Abschreibung über 5 Jahre sowie einem durchschnittlichen jährlichen Einsatz von 120 Tagen im Jahr, dann betragen die Kosten, die für CAS aufgewendet werden müssen, rechnerisch DM 50,– je Einsatztag, d. h. Zusatzkosten von ca. DM 8,– bis DM 10,– je Probe entsprechend rund 2–3% der Probenahmekosten (Abb.2). Dies sollte angesichts der Bedeutung einer Probenahme für das Ergebnis der Laboranalytik sowie angesichts des Einsparungspotentials an Folgekosten „drin" sein.

## 5. Zusammenfassung

Um die Grundwasser-Probenahme in die analytische Qualitätssicherung einzubeziehen, sind meßtechnische und logistische Maßnahmen sowie eine exakte Dokumentation erforderlich. Die Meßtechnik umfaßt die kontinuierliche Erfassung physikochemischer Parameter, u.a. pH-Wert, Leitfähigkeit, Temperatur, Sauerstoffgehalt, Wasserspiegel und Durchfluß. Logistische Verbesserungen lassen sich durch die Gestaltung des „Probenahmearbeitsplatzes" und durch angepaßte Ausschreibungen erreichen. Dazu wird ein Musterleistungsverzeichnis, das die beschriebene Problematik berücksichtigt, vorgestellt.

Insbesondere bei der kommerziellen Probenahme, die oft durch einen hohen Zeit- und Kostendruck bestimmt wird, macht die Überwachung sämtlicher Arbeitsschritte sowie die kontinuierliche Aufzeichnung der vor Ort gemessenen Parameter durch einen Computer die Probenahme transparenter und hilft, Fehler zu vermeiden und zu korrigieren.

## Literatur

DVWK (1992) DVWK-Regeln 128: „Entnahme und Untersuchungsumfang von Grundwasserproben", 36 S. Hamburg, Berlin

Haas D, Straaten L van (1992) Qualitätssichernde Maßnahmen als Grundlage für eine ordnungsgemäße Bewertung von Altlastverdachtsflächen. (Vortrag, gehalten auf dem 38. DVWK-Seminar „Strategien zum Grundwasserschutz bei Altlasten, Teil 1", in Heyda/Thüringen; Oktober)

Landesamt für Wasser und Abfall NRW (LWA)( 1990)LWA-Merkblätter Nr. 5: Analytische Qualitätssicherung (AQS) für die Wasseranalytik in Nordrhein-Westfalen. Düsseldorf

Landesamt für Wasser und Abfall NRW (LWA) (1991) Probenahme bei Altlasten; Referate der Fortbildungsveranstaltung des LWA NRW am 3./4. Mai 1990 im KFAA Essen-Heidhausen: LWA-Materialien Heft 1/91, 128 Seiten. Düsseldorf (Hrsg. Landesamt für Wasser und Abfall des Landes Nordrhein-Westfalen
(LWA NW), Düsseldorf)

NLFB/NLWA (1991) Deponieüberwachungsplan Wasser; Beweissicherung an Deponien in Niedersachsen, Entwurf 2.1, Februar 1991. Hannover/Hildesheim

Norm DIN 38402 (1985) Teil 13; Probenahme aus Grundwasserleitern (Dezember 1985)

Söhngen K (1993) Strategie einer sach- und fachgerechten Entnahme von Grundwasserproben. In: Schimmelpfeng L (Hrsg) Altlasten, Deponietechnik, Kompostierung – Praktizierter Umweltschutz als Vorsorge und Nachsorge. Sankt Augustin (Academia)

Straaten L van (1991) Qualitätssicherung bei der Beprobung von Grundwassermeßstellen; bbr 8/92. Köln

Straaten L van (1992) Qualitätssicherung bei der Bewertung von

Straaten L van (1993) CAS (Computer-Aided Sampling) als qualitätssichernde Maßnahme bei der Grundwasserbeprobung. In: Schimmelpfeng L (Hrsg) Altlasten, Deponietechnik, Kompostierung – Praktizierter Umweltschutz als Vorsorge und Nachsorge. Sankt Augustin (Academia)

WÜ-77 (1977) Richtlinie für das Vorgehen bei physikalischen und chemischen Untersuchungen im Zusammenhang mit der Beseitigung von Abfällen (Wü/77); Umfang der Überwachung von Grund-, Oberflächen- und Sickerwasser im Bereich von Abfallbeseitigungsanlagen; Ministerialblatt NRW, Nr.76 vom 05.09.1977. Düsseldorf

## Anhang

### Musterleistungsverzeichnis für die Entnahme von Grundwasserproben

| Position | Anzahl | Gegenstand | Einzelpreis (in DM) | Gesamtpreis (in DM) |
|---|---|---|---|---|
| Titel A | | Einrichtung | | |
| A 1 | | Zusammenstellen und Vorhalten der benötigten Einsatzmittel, Be- und Entladen; je zusammenhängenden Einsatz pauschal | | |
| A 2 | | An- und Abfahrt des Meßwagens inklusive Gerät und Personal; je zusammenhängenden Einsatz pauschal | | |
| A 3 | | An- und Abtransport eines verschließbaren Abwassertanks (ca. 1 $m^3$ Fassungsvermögen) zum Auffangen von Reinigungs- bzw. Deponiewasser sowie aller dazu erforderlichen Pumpen, Leitungen und Schläuche; pauschal | (Eventualposition) | EP |
| A 3 a | | Tage: Vorhalten eines Abwassertanks bis zur Entsorgung des aufgegangenen Wassers; je angefangener Tag und Stück Abwassertank | | EP |
| A 3 b | | Wie A 3, jedoch ein weiterer Abwassertank; pauschal | | EP |
| A 4 a | | Stück: Einrichten einer maximal 20 m tiefen Meßstelle inklusive<br>– Messung des Wasserspiegels,<br>– Tiefenlotung,<br>– Pumpen- und Sondeneinbau,<br>– Kalibrieren der Meßgeräte;<br>je Meßstelle | | |
| A 4 b | | Stück: wie Position A 4 a, jedoch für eine maximal 40 m tiefe Meßstelle; je Meßstelle | | EP |

| Position | Anzahl | Gegenstand | Einzelpreis (in DM) | Gesamtpreis (in DM) |
|---|---|---|---|---|
| Titel A | | Einrichtung | | |
| A 4 c | | Stück: wie Position A 4 a, jedoch für eine maximal 80 m tiefe Meßstelle; je Meßstelle | EP | |
| A 5 | | Stück: Abbau und Umsetzen des Meßwagens innerhalb eines Radius von 1000 m; je Meßstelle bzw. Meßstellengruppe | | |
| A 5 a | | Stück: wie Position A 5, jedoch innerhalb eines Radius > 1000 m; je Meßstelle bzw. Meßstellengruppe | EP | |
| A 6 | | Stunden: zusätzlicher Arbeitsaufwand wegen schlecht zugänglicher Meßstelle, Wegehindernisse, Flurschäden; je angefangene halbe Stunde | EP | |
| Titel B | | Grundwasserprobenahme | | |
| B 1 a | | Stück: Abpumpen einer Grundwassermeßstelle mit regelbarer Grundfos-Probenahmepumpe MP 1 oder gleichwertig für Einsatz in nicht belastetem Grundwasser („Weißpumpe"). Abpumpen bis zum Erreichen der Leitfähigkeitskonstanz (Toleranz nach Absprache mit dem AG: z. B. ca. 50 µS/cm/2 min), jedoch mindestens Entleerung des 2fachen Meßstellenvolumens vor der Probenahme.<br>Dabei Messung von<br>– Temperatur,<br>– Leitfähigkeit,<br>– pH-Wert,<br>– Sauerstoffgehalt<br>im Förderstrom;<br>Messung des Wasserstandes;<br>Messung der Gesamtfördermenge bis zur Probenahme – Pumpzeit bis maximal 1 Viertelstunde Dauer.<br>Ableiten des geförderten Wassers in geeignete Vorfluter, Kanal o. ä. (maximal 50 m Entfernung); je Stück | | |
| B 1 b | | Stück: wie Position B 1 a jedoch zusätzlich Messung des Parameters<br>– Eh-Wert<br>je Stück | EP | |

| Position | Anzahl | Gegenstand | Einzelpreis (in DM) | Gesamtpreis (in DM) |
|---|---|---|---|---|
| Titel B | | Grundwasserprobenahme | | |
| B 1 c | | Stück: computergestützte elektronische Datenerfassung (System Hydrosens-CAS oder gleichwertig) während des Abpumpens mit kontinuierlicher Messung und Aufzeichnung von<br>– Druck (Wasserstand) und Temperatur in der Meßstelle;<br>– Leitfähigkeit, pH-Wert und Sauerstoffgehalt im Meßwagen (Durchflußzelle);<br>– Durchflußmenge (magnet-induktive Messung).<br>Kontrolle des Pumpvorganges in der Meßstelle über Monitor.<br>Automatische Anlage einer Beweissicherungsdatei; je Stück | | |
| B 1 d | | Stück: Ausgabe eines Meßwertprotokolls für jede Meßstelle mit detaillierter Dokumentation des Probenahmeverlaufs (System Hydrosens-CAS oder gleichwertig), u. a.<br>– Pumpeneinbau,<br>– Ruhewasserspiegel,<br>– Gesamtfördermenge,<br>– zeitlicher Verlauf der im Gelände bestimmten hydrochemischen Parameter,<br>– organoleptischer Befund,<br>– Pumpgeginn und -ende,<br>– Probenahmebeginn und-ende;<br>je Stück | | |
| B 1 e | | Stück: Ausgabe einer graphischen Darstellung für jede Meßstelle (System Hydrosens-CAS oder gleichwertig): 6 Ganglinien synoptisch mit gleicher Skalierung auf 1 DIN-A 4-Seite.<br>Darstellung der computergestützten Aufzeichnung der Parameter<br>– Wasserstand (Druck),<br>– Temperatur,<br>– Leitfähigkeit,<br>– pH-Wert,<br>– Sauerstoffgehalt,<br>– Durchflußmenge<br>mit einheitlicher Darstellung des Probenahmezeitraumes. Automatische Anlage einer Beweissicherungsdatei;<br>je Stück | | |

| Position | Anzahl | Gegenstand | Einzelpreis (in DM) | Gesamtpreis (in DM) |
|---|---|---|---|---|
| Titel B | | Grundwasserprobenahme | | |
| B 1 f | | Stück: Beweissicherungsdatei auf Datenträger für den Auftraggeber;<br>je Stück | | EP |
| B 1 g | | Viertelstunde: wie Position B 1 a, jedoch Pumpzeit über 1 Viertelstunde hinaus, falls Leitfähigkeitskonstanz bis dahin nicht erreicht;<br>je angefangene Viertelstunde | | EP |
| B 1 h | | Stück: Zuschlag für das Ableiten des geförderten Wassers in geeignete Vorfluter, Kanal o.ä. > 50 m Entfernung;<br>je Stück | | EP |
| B 2 a | | Stück: fachgerechte Entnahme von Grundwasserproben aus dem Förderstrom in mitgebrachte oder gestellte parameterspezifische Probengefäße über regelbaren Zapfhahn. Beschriftung der Gefäße und Probenkonservierung vor Ort in Absprache mit dem AG und dem beauftragten Untersuchungslabor;<br>je Stück | | |
| B 2 b | | Stück: Zusätzliche Entnahme von Grundwasserproben wie in Positon B 2 a z.B. für Kontrollanalytik;<br>je Stück | | EP |
| B 3 | | Stück: Bestimmung der Säurekapazität gemäß DIN 38 409-H7-1 vor Ort;<br>je Stück | | EP |
| B 4 a | | Stück: vorherige Meßstellenentleerung (einfaches Meßstellenvolumen) mittels Pumpe (Saugpumpe, regelbare Förderpumpe etc.) für unbelastetes Wasser an Meßstellen ohne ausreichenden Grundwasserzufluß; Ableiten des geförderten Wassers in geeignete Vorfluter o.ä. (maximal 50 m Entfernung); Messung der Parameter<br>– Temperatur,<br>– Leitfähigkeit,<br>– pH-Wert,<br>– Sauerstoffgehalt,<br>in einem Überlaufgefäß, soweit technisch möglich; Pumpzeit bis maximal 1 Viertelstunde Dauer; inklusive An- und Abfahrt;<br>je Stück | | EP |

| Position | Anzahl | Gegenstand | Einzelpreis (in DM) | Gesamtpreis (in DM) |
|---|---|---|---|---|
| Titel B | | Grundwasserprobenahme | | |
| B 4 b | | Stück: wie Postion B 4 a, jedoch ohne Messung der genannten Parameter; je Stück | | EP |
| B 4 c | | Stück: Probenahme mit Schöpfheber; Messung der Parameter<br>– Temperatur,<br>– Leitfähigkeit,<br>– pH-Wert,<br>– Sauerstoffgehalt,<br>in einem Überlaufgefäß, soweit technisch machbar; Führen eines handschriftlichen Probenahmeprotokolls; je Meßstelle | | EP |
| Titel C | | Wasserprobenahme in kontaminierten Bereichen | | |
| C 1 | | Stück: Abpumpen einer Meßstelle mit einer regelbaren Pumpe (z.B MP 1 oder gleichwertig) für Einsatz in kontaminiertem Wasser („Schwarzpumpe"); Messung der Parameter<br>– Temperatur,<br>– Leitfähigkeit,<br>– pH-Wert,<br>– Sauerstoffgehalt,<br>in einem Überlaufgefäß; Pumpzeit bis maximal 1 Viertelstunde Dauer. Ableiten des geförderten Wassers in einen geeigneten Kanal o.ä., ggf. in einen Abwassertank (Position A 3, C 4) (maximal 50 m Entfernung); Führen eines handschriftlichen Probenahmeprotokolls; je Stück | | |
| C 1 a | | Viertelstunde: wie Position C 1, jedoch Pumpzeit über 1 Viertelstunde hinaus, falls Leitfähigkeitskonstanz bis dahin nicht erreicht; je angefangene Viertelstunde | | EP |
| C 1 b | | Stück: Zusätzliche Messung des Parameters<br>– Eh-Wert<br>je Stück | | EP |
| C 2 a | | Stück: vorherige Meßstellenentleerung (einfaches Meßstellenvolumen) mittels Pumpe („Schwarzpumpe" Saugpumpe, regelbare | | |

| Position | Anzahl | Gegenstand | Einzelpreis (in DM) | Gesamtpreis (in DM) |
|---|---|---|---|---|
| Titel C | | Wasserprobenahme in kontaminierten Bereichen | | |
| | | Probenahmepumpe etc.) an Meßstellen ohne ausreichenden Zufluß; Ableiten des geförderen Wassers in geeigneten Kanal o.ä., ggf in einen Abwassertank (maximal 50 m Entfernung); Messung der Parameter<br>– Temperatur,<br>– Leitfähigkeit,<br>– pH-Wert,<br>– Sauerstoffgehalt,<br>in einem Überlaufgefäß, soweit technisch machbar; Pumpzeit maximal 1 Viertelstunde Dauer; inklusive An- und Abfahrt;<br>je Stück | | EP |
| C 2 b | | Stück: wie Postion C 2 a, jedoch ohne Messung der genannten Parameter;<br>je Stück | | EP |
| C 2 c | | Stück: Probenahme mit Schöpfheber; Messung der Parameter<br>– Temperatur,<br>– Leitfähigkeit,<br>– pH-Wert,<br>– Sauerstoffgehalt,<br>in einem Überlaufgefäß, soweit technisch machbar; Führen eines handschriftlichen Probenahmeprotokolls;<br>je Meßstelle | | EP |
| C 3 | | Stück: fachgerechtes Abfüllen von kontaminierten Wasserproben in mitgebrachte oder gestellte parameterspezifische Probengefäße. Beschriftung der Gefäße und Probenkonservierung vor Ort in Absprache mit dem AG und dem beauftragten Untersuchungslabor;<br>je Stück | | |
| C 4 a | | Stück: Auffangen von kontaminiertem Wasser in einem verschließbaren mitgebrachten oder bereitgestellten Abwassertank (vgl. Position A 3);<br>je Meßstelle | | EP |
| C 4 b | | Kubikmeter: Entsorgung des aufgefangenen kontaminierten Wassers; einschließlich An- und Abfahrt und Entsorgungsgebühren; je Kubikmeter, auf Nachweis | | EP |

| Position | Anzahl | Gegenstand | Einzelpreis (in DM) | Gesamtpreis (in DM) |
|---|---|---|---|---|
| Titel C | | Wasserprobenahme in kontaminierten Bereichen | | |
| C 5 | | Stück: Reinigung der Probenahme- und Meßgeräte mit sauberem Spülwasser nach Einsatz im kontaminierten Bereich; je Meßstelle | | |
| C 6 | | Lfdm: Austausch der Verbindungsschläuche, Steigrohre usw. nach Probenahme in kontaminiertem Bereich; je angefangenen Meter | | |
| Titel D | | Arbeitschutz bei Probenahmen im kontaminierten Bereich | | |
| D 1 a | | Zusammenstellen und Vorhalten der benötigten Einsatzmittel wie Schutzanzüge, chemikalienbeständige Schutzhandschuhe, Atemschutzmaske; pauschal | | |
| D 1 b | | Zusammenstellen und Vorhalten geeigneter Meßgeräte (z.B. Explosimeter, Dreigasmeßgerät, Photoionisationsdetektor); pauschal | | EP |
| D 2 | | Stück: Gasmessungen mit geeigneten Meßgeräten (z.B. Explosimeter, Dreigasmeßgerät, Photoionisationsdetektor) in einer Meßstelle und im Aufenthaltsbereich des Probenehmers; je Meßstelle | | EP |
| D 3 | | Stück: Zulage für das Tragen von Einmalschutzanzügen und chemikalienbeständigen Schutzhandschuhen während der Durchführung der Arbeiten; je Tag/Person | | EP |
| D 4 | | Stunden: Zulage bei Durchführung der Arbeiten mit umgebungsluftabhängigem Atemschutz; je angefangene halbe Stunde/Person | | EP |
| Titel E | | Probetransport | | |
| E 1 | | Sachgerechter Transport der Probengefäße in gekühlten, lichtgeschützten Transportbehältnissen zum Untersuchungslabor; pauschal | | |

| Position | Anzahl | Gegenstand | Einzelpreis (in DM) | Gesamtpreis (in DM) |
|---|---|---|---|---|
| Titel F | | Begleitende Arbeiten | | |
| F 1 | | Stück: hydrochemischer Vortest bei Verdacht auf stark kontaminiertes Wasser (Probenahme mit Schichtmeßheber, sensorische Prüfung, Waschflaschentest mit DRÄGER-Polytest, Visocolortest Ammonium oder gleichwertig) zur Beurteilung des Pumpeneinsatzes („schwarz/weiß")<br>je Test | | EP |
| F 2 a | | Stück: Messen eines Tiefenprofils der Temperatur und der Leitfähigkeit in einer Grundwassermeßstelle bis 20 m Tiefe;<br>je Stück | | EP |
| F 2 b | | Stück: wie Position F 2 a, jedoch bis 40 m Tiefe;<br>je Stück | | EP |
| F 2 c | | Stück: wie Position F 2 a, jedoch bis 80 m Tiefe;<br>je Stück | | EP |
| F 3 | | Stunden: computergestützes Messen und Aufzeichnen des Grundwasserspiegelwiederanstiegs nach Abschalten der Probenahmepumpe bis zum Erreichen des Ausgangswasserspiegels;<br>je angefangene Viertelstunde | | EP |

# Anforderungen an die Ausschreibungs- und Vergabepraxis bei der Gefahrenabschätzung und Detailerkundung als wesentliche Bestandteile eines Qualitätssicherungssystems Altlasten

Rüdiger Schwarz

## 1. Vorbemerkungen

Die Entwicklung allgemein anerkannter Normen und die Durchsetzung bundeseinheitlicher Regelungen zur Behandlung der Altlastenthematik gewinnen zunehmend an Bedeutung als Bestandteile eines zu entwickelnden Qualitätssystems Altlasten.

Insbesondere bei der Bearbeitung von komplexen Altlastengroßprojekten als auch bei der Vergleichbarkeit sowie bei der Festsetzung von Prioritäten bei der Realisierung von Altlastenvorhaben aus der Sicht der beteiligten Behörden hat sich deutlich gezeigt, und die bisherigen Vorträge unterstreichen diese Notwendigkeit, daß ein erheblicher Regelungsbedarf auf dem Sachgebiet Altlasten besteht.

Die Mitwirkung am Aufbau eines derartigen Qualitätssicherungssystems auf dem Sachgebiet Altlasten ist auch eines der zentralen Anliegen des Ingenieurtechnischen Verbandes Altlasten e. V. (ITVA). In dem 1991 beschlossenen Schwerpunktprogramm des ITVA heißt es dazu:

„Denn die Behandlung von Altlasten erfordert eine hohe Seriosität, gediegenes Fachwissen und qualifizierte Fachbetriebe, da es um die Wahrung der menschlichen Gesundheit und die Wiederherstellung einer intakten Umwelt geht. Hierbei ist verantwortliches Handeln gefordert, damit die seitens der Verursacher und der öffentlichen Hand bereitgestellten Mittel nicht nur zur Kaschierung der bestehenden Umweltgefahren und Gefährdungspotentiale eingesetzt werden. Derartigen Entwicklungen ist durch neu zu definierende Leitlinien und Regeln zur Qualitätssicherung bei der Altlastenbehandlung vorzubeugen."

Diesem Anspruch und Ziel trägt der Verband durch die Arbeit von gegenwärtig 14 Fachausschüssen sowie eine Reihe von Publikationen (u. a. Zeitschrift *altlasten-spektrum*) Rechnung.

In diesem Sinne werden in diesem Beitrag Erfahrungen und Probleme im Umgang mit Ausschreibungen, Leistungsanbietern und Behörden vorgestellt und diskutiert. Diese Erfahrungen resultieren aus der praktischen Arbeit der GEO-Consult GmbH bei der Projektsteuerung Flächenrecycling Altlasten eines innerstädtischen Altindustriestandortes (Projekt "Solaris", ehemalige Fettchemie in Chemnitz).

## 2. Altlaststandort „ehemalige Fettchemie" in Chemnitz

Das Gelände der ehemaligen Fettchemie (FEWA-Werke) in Chemnitz (Freistaat Sachsen, Regierungsbezirk Chemnitz) stellt ein innerstädtisches Altindustrie- und Sanierungsgebiet dar und umfaßt eine Fläche von ca. 8,5 ha. Die chemische Produktion (vor allem Waschmittel und Textilhilfsstoffe) erfolgte am Standort seit 1894. Nach 1945 war die Fettchemie der Hauptproduzent von Waschmitteln, Desinfektionsmitteln und Textilhilfsstoffen und darüber hinaus Alleinhersteller des Pflanzenschutzmittels DDT und synthetischer Gerbstoffe in der ehemaligen DDR.

Aufgrund der jahrzehntelangen Nutzung ist das Firmengelände flächendeckend mit komplexen organischen Verbindungen (die Produktpalette umfaßte ca. 2.000 eingesetzte Roh- und Hilfsstoffe) bis in Tiefen von maximal 35 m kontaminiert. Boden, Grundwasser und Gebäudesubstanz sind insbesondere mit chlororganischen Verbindungen [Organochlorpestizide (OCP), Chlorphenole, Chlorbenzole u. ä.], MKW, LCKW und weiteren Schadstoffen verunreinigt.

Die Produktion wurde 1990 stillgelegt. Seit 1992 läuft die Umnutzung der Gesamtfläche. In der bestätigten Nutzungskonzeption des Investors (IN-BAU GmbH Stuttgart, NL Chemnitz) ist beabsichtigt, bis Ende 1995 ein Investitionsvolumen von ca. 420 Mio. DM mit der Errichtung des „Technologie- und Gewerbeparks SOLARIS" zu realisieren und damit ca. 2.300 Arbeitsplätze zu schaffen. Die Bauarbeiten für die ersten Neubauobjekte haben im Mai 1993 begonnen. Gegenwärtig sind bereits 4 Neubauobjekte im Rohbau fertiggestellt.

Die GEO-Consult GmbH ist seitens des Investors mit dem komplexen Projektmanagement Altlasten im Rahmen des Flächenrecyclings beauftragt.

## 3. Problemstellung

Eine Spezifik des Vorhabens besteht darin, daß alle laufenden Arbeiten gegenwärtig zeitlich parallel an einem Standort ablaufen, und zwar zur

- Gefährdungsabschätzung Grundwasser, Boden (nähere Erkundung Stufe E 2–3 der Sächsischen Altlastenmethodik),
- Detailbearbeitung der Altlastensituation (baubegleitende Untersuchungen),
- Sicherung und Sanierung sowie
- Umnutzung (Planung, Realisierung der Neubebauung).

Die damit verbundene Problematik der Absicherung der einzelnen Arbeitsschritte stellt hohe Anforderungen an die Koordination des Einsatzes der verschiedenen Leistungsanbieter und Nachauftragnehmer sowie an die Projektsteuerung Altlasten insgesamt. Da die Garantie des fachlichen Ergebnisses und die Einhaltung der sachbezogen definierten Terminketten wesentliche Voraussetzungen für den störungsfreien Ablauf der Umnutzung des Altstandortes sind, wird seitens der Projektsteuerung im Zuge der Ausschreibung und Vergabe von Leistungen das Hauptaugenmerk auf den Nachweis der Leistungsfähigkeiten und Leistungsvoraussetzungen der einzelnen Leistungsanbieter gelegt.

Diese Zielstellung erfordert ein enges Zusammenwirken von Investor, Behörden und Projektsteuerung (Ingenieurbüro) sowie die Bereitschaft, auch neue Wege zu gehen.

## 4. Gefährdungsabschätzung/Detailerkundung – Leistungsumfang

Die Untersuchungen werden entsprechend der gängigen Praxis der Bearbeitung von Altlastverdachtsflächen (LAGA 1991, SRU 1989) in folgendenden Bearbeitungsschritten durchgeführt:

- A: Erfassung und Erstbewertung,
- B: orientierende Untersuchung,
- C: Detailerkundung und Sanierungsuntersuchung.

Die *Erstbewertung* dient einer ersten Gefahrenabschätzung und -bewertung. Die Bewertung erfolgt nach Aktenlage, ohne die Durchführung konkreter Untersuchungen auf der Grundlage der Daten und Informationen aus der *Erfassung*. Zusätzlich sind Erkenntnisse aus weiteren Recherchen des Gutachters und Ortsbegehungen heranzuziehen.

In der Orientierungs- und Detailerkundungsphase erfolgt eine Gefahrenabschätzung und -bewertung aufgrund konkreter, im Umfang unterschiedlicher Untersuchungen.

In der *Orientierungsphase* erfolgt eine Risikoabschätzung und Gefahrenbewertung aufgrund konkreter Vor-Ort-Untersuchungen zur Stoff-, Standort- und Nutzungscharakteristik. Die Untersuchungen haben das Ziel, die aus der Erstbewertung vorliegenden Anhaltspunkte hinsichtlich des Altlastenverdachts dem Grunde nach zu bestätigen oder als hinreichend sicher auszuräumen.

Die *Detailphase* umfaßt die abschließende fachliche Risikoabschätzung durch den Gutachter und die abschließende rechtliche Gefahrenbewertung durch die zuständige Behörde. Zu diesem Zweck sind detaillierte meßtechnische Untersuchungen zu den relevanten Verunreinigungen, den Standortbedingungen sowie den gegenwärtigen und vorhandenen Nutzungen erforderlich.

### Leistungsumfang und Anforderungen

Der erforderliche Leistungsumfang gliedert sich in der praktischen Umsetzung im wesentlichen in 4 Komplexe. Diese im folgenden kurz aufgeführten Begriffe stehen beispielhaft für konkrete Leistungspakete in der Altlastenbearbeitung und beeinflussen in ihrer Umsetzung damit auch die Kostenstruktur. Hierbei ist u. E. unbedingt anzustreben, daß diese Leistungsbeschreibungen in Anlehnung an die Regelungen in der HOAI zu Leistungsbildern weiterentwickelt werden:

*1) Gutachterliche Leistungen*: dazu zählen u. a.: Planung und Vorbereitung der Arbeiten, Recherchetätigkeit in Archiven, Ämtern und Behörden, Abstimmung mit dem Auftraggeber, Auswertung des ermittelten Datenmaterials, Interpretation und Bewertung der Rechercheergebnisse, Analysen,

Meßwerte (Problematik der Grenzwerte), Ableitung von Schlußfolgerungen, Vorschläge für Maßnahmen und Bewertung des Handlungsbedarfs nach Prioritäten, Machbarkeitsstudie, Erstellung eines Gutachtens.

2) *Aufschlußarbeiten Boden, Grundwasser, Gebäudesubstanz*: dazu zählen u. a. Optimierung der Anzahl und Positionierung der Aufschlußpunkte, Auswahl des geeigneten Aufschlußverfahrens (Trocken- /Naßbohren, Drehen, Schlagen; Schürfe, Rammkernsondierungen) und des Ausbaus (Grundwassermeßstellenausbau, Ausbaumaterialien, Folienkernrohr, Innenliner), Betreuung und Überwachung der Aufschlußarbeiten, Profilaufnahme unter Berücksichtigung der DIN-Normen, organoleptische Ansprache, Dokumentation und Führen einer Objektakte.
3) *Analysenarbeiten:* dazu zählen u. a. Art und Weise der Probenentnahme, Probentransport zum Labor, analysenvorbereitende Arbeiten, Analysenverfahren und Bestimmungsgrenzen, Akkreditierung der Labors, technische Ausstattung, innere und äußere Kontrolle, Ergebnisdarstellung, Fehlerdiskussion.
4) *Allgemeine Leistungsparameter*: dazu zählen u. a. Leistungsbedingungen und Termine, Kostenrelationen der unterschiedlichen Anbieter, Abfrage und Nachweis der Sachkunde und Leistungsfähigkeit, Referenzen.

In den folgenden beiden Abschnitten werden aus der Sicht der Projektsteuerung Altlasten die in der praktischen Arbeit aufgetretenen Probleme bei der Ausschreibung und Vergabe von Arbeiten zur Gefahrenabschätzung und Detailerkundung vorgestellt sowie eine Reihe von inhaltlichen Anforderungen an die Gestaltung einheitlicher Regelungen für die Ausschreibung und Vergabe von Leistungen auf dem Sachgebiet Altlasten diskutiert. Diese kurzen thesenhaften Ausführungen sollen das Problembewußtsein weiter vertiefen und die Diskussion um Lösungsansätze befördern.

## 5. Probleme bei der Ausschreibung und Vergabe von Arbeiten zur Gefahrenabschätzung und Detailerkundung

- Es existieren im wesentlichen keine bundesweit allgemein anerkannten Regeln der methodischen Vorgehensweise (Leistungsbilder) sowie Regeln in der technischen Durchführung.
- Unvollständige oder auch fehlende Unterlagen zur Beschreibung des Standorts erfordern aufwendige Nachrecherchen und zusätzliche Untersuchungen.
- Zum Zeitpunkt der Arbeiten bestehen oftmals nur ungenaue Vorstellungen zur zukünftigen Nutzung des Standorts.
- Die Festlegung von standortspezifischen Grenzwerten als Beurteilungskriterien für die Gefährdungsabschätzung bereitet z. T. erhebliche Schwierigkeiten.
- Für spezifische Schadstoffgruppen existieren bisher häufig keine anerkannten Regelwerte; diese Situation erfordert einen hohen externen Gutachteraufwand.

- Nach wie vor wird eine detaillierte Gefahrenbeurteilung und sachbezogene Detailerkundung in der Anfangsphase der Altlastenbearbeitung (Recherche, Erfassung, Erstbewertung) mit zu wenig Sorgfalt vorgenommen.
- Terminliche und finanzielle Vorstellungen bzw. Möglichkeiten des Auftraggebers und auch der Behörden lassen oft eine optimale Erkundungsstrategie nicht zu, Einzelaufträge führen in aller Regel zu höheren Gesamtkosten.
- Arbeitsschutzmaßnahmen werden i. allg. zu gering bewertet; häufig wird der Arbeitsschutz in den Angeboten überhaupt nicht erwähnt oder auch in den Ausschreibungen nicht abgefragt.
- Sehr unterschiedliches Preisniveau, häufig Angabe von Pauschalhonoraren ohne Leistungsspezifizierung.
- Gutachterliche Leistungen werden häufig von Leistungsanbietern aus dem Technik- und Laborbereich viel zu niedrig bewertet und ausgewiesen.
- Ausschreibungen haben häufig, insbesondere in den neuen Bundesländern, den Charakter von Preisabfragen.

## 6. Inhaltliche Anforderungen an die Gestaltung einheitlicher Regelungen für die Ausschreibung und Vergabe von Leistungen auf dem Sachgebiet Altlasten

- Erarbeitung von standardisierten Leistungsbildern zu den verschiedenen, inhalt lich abgegrenzten Tätigkeitsfeldern der Altlastenbearbeitung in Anlehnung an vergleichbare Regelungen in der HOAI.
- Einsetzen einer unabhängigen Fachfirma zur Projektsteuerung (Vorbereitung und Mitwirkung bei der Vergabe). Diese Tätigkeit (im Sinne eines „Hauptingenieurs") muß sich jedoch für den Auftraggeber der Altlastenbearbeitung rechnen.
- Trennung der kostenintensiven Bereiche Bohr- und Labortätigkeit von der zentralen Begutachtung und Projektleitung, die Möglichkeit von Interessenkollisionen sollte ausgeschlossen werden.
- Möglichst detaillierte Vorgabe der Leistungsanforderungen, der Termine und Kosten durch die Projektsteuerung bzw. die Planung (Aufstellung einer Checkliste).
- Führen vorbereitender Planungsgespräche, die in den Projektunterlagen verankert werden sollten.
- Schrittweise Beauftragung und Abnahme der erbrachten Leistungen.
- Realisierung der inneren und äußeren Kontrolle bei den chemischen Labors, die gegenüber dem Auftraggeber nachzuweisen ist (Mehrkosten).
- Regelung der Honorarfrage auf der Grundlage von Leistungsprofilen.
- Aufnahme verbindlicher Anforderungen an den Arbeitsschutz in die Ausschreibungsunterlagen.
- Vorgabe von abgestimmten Regel-, Richt- und Grenzwerten bereits in den Ausschreibungsunterlagen.
- Einbau von Kontrollmechanismen (Zeitschnitte, Termin- und Leistungsetappen).

## 7. Schlußbemerkungen

Die Einführung anerkannter und verbindlicher Regelungen auf dem Sachgebiet Altlasten wird sicherlich noch einige Zeit in Anspruch nehmen. Bis zu diesem Zeitpunkt lassen sich die zahlreichen, bei der Behandlung von Altlasten anstehenden Probleme und Aufgabenstellungen nur gemeinsam in einem engen Zusammenwirken aller Beteiligten (Investor, Behörden, Bearbeiter) einer umweltgerechten Lösung zuführen.

# Leistungsbeschreibung und Kalkulation von Sanierungsmaßnahmen

Gerhard Rüller

Im Rahmen eines DFG-Forschungsvorhabens wurden an der Bergischen Universität GH Wuppertal Lösungsansätze zu Problemen der Beauftragung von Planern, Gutachtern und Firmen mit der Sanierung von Altlasten bearbeitet.

Anlaß des Forschungsvorhabens war die sowohl bei Auftraggebern als auch Auftragnehmern vorherrschende Unsicherheit über den Leistungsumfang und das angemessene Honorar bzw. die Vergütung für die Sanierung von Altlasten. Ziel des Forschungsvorhabens war es, einen Beitrag zum Abbau dieser Unsicherheiten zu leisten.

Einer der Schwerpunkte war die Erarbeitung von Arbeitshilfen zur qualifizierten Leistungsbeschreibung und zur Formulierung von Vertragsbedingungen sowie von maßgeblichen Bemessungsparametern für eine angemessene Vergütung.

Im Zuge der Bearbeitung dieses Forschungvorhabens wurde ein Workshop „Altlasten" mit Fachleuten der Auftraggeber-, Planer- und Baufirmenseite zur Diskussion und Abstimmung der jeweiligen Arbeitsergebnisse gebildet.

Einen Anspruch auf Vollständigkeit kann dieser Beitrag wegen der Individualität jeder Sanierungsmaßnahme nicht erheben; er soll vielmehr zur Bewußtmachung von Problemen im Zusammenhang mit Leistungsbeschreibungen, Vertragsbedingungen und Vergütungsregelungen dienen, mit denen die an der Sanierung Beteiligten konfrontiert werden.

## 1. Vergabe

Die Vergabe unterliegt den Bestimmungen der Verdingungsordnung für Bauleistungen nach VOB/A bzw. für Leistungen nach VOL/A.

Im Regelfall hat der öffentliche Auftraggeber eine öffentliche Ausschreibung durchzuführen. Da es sich bei der Sanierung kontaminierten Bodens in den meisten Fällen jedoch um eine Bauleistung handelt, die „nach ihrer Eigenart nur von einem beschränkten Kreis von Unternehmern in geeigneter Weise ausgeführt werden kann, besonders wenn außergewöhnliche Zuverlässigkeit oder Leistungsfähigkeit (z. B. Erfahrung, technische Einrichtungen oder fachkundige Arbeitskräfte) erforderlich ist" (§ 3 Nr. 3 Abs. (2) Satz a VOB/A), sollte die Möglichkeit einer beschränkten Ausschreibung mit öffentlichem Teilnahmewettbewerb (nichtoffenes Verfahren) gewählt werden.

## 2. Leistungsbeschreibung

Die Leistungsbeschreibung bildet das Kernstück der Verdingungsunterlagen und die Grundlage für die Berechnung der angemessenen Vergütung. Bei der Ausschreibung von Bauleistungen zeigen sich immer wieder gravierende Probleme, die geforderten Leistungen präzise und umfassend zu beschreiben. Hohe baubetriebliche Risiken, die nicht zuletzt in menschlichen Wissensdefiziten begründet sind, kennzeichnen dieses Arbeitsfeld und stellen spezielle Ansprüche an die Beteiligten.

Baumaßnahmen im Bereich der Altlastensanierung beinhalten immer eine große Zahl von Unwägbarkeiten, die eine gemäß § 9 VOB/A geforderte eindeutige und erschöpfende Beschreibung der Leistung erschweren. So kommt der Leistungsbeschreibung gerade für den Bereich der Altlastensanierung eine herausragende Rolle zu. Mit ihrer Hilfe kann der Bauherr seine (wenigen) Erkenntnisse und seine (zahlreichen) Zielvorstellungen an die eventuellen Auftragnehmer weitergeben. Formale und inhaltliche Mängel von Leistungsbeschreibungen führen zu Qualitätseinbußen, widersprechen dem Wettbewerbs- und dem Umweltschutzgedanken und führen nicht selten zu juristischen Auseinandersetzungen.

Es ist dringend davon abzuraten, Leistungstexte anderer Sanierungsprojekte oder auch vorgegebene standardisierte Leistungstexte ohne die unerläßliche kritische Prüfung zu übernehmen. Zur Vermeidung von Unklarheiten und Mißverständnissen ist eine objektbezoge Ausschreibung die wichtigste Voraussetzung. Die Aufgabe der Ausschreibung obliegt dem Auftraggeber.
Die VOB geht davon aus, daß jemand da ist,

- der weiß, was er haben will,
- dies beschreibt,
- sich im Rahmen des Wettbewerbs diese Leistung anbieten läßt und
- demjenigen den Auftrag erteilt, der ihm die beste Gewähr für eine gute Ausführung bei einem angemessenen Preis bietet (Hollstegge,1989).

Die zur Problemlösung erforderliche Leistung ist durch genaue Voruntersuchungen zu definieren. Diese Voruntersuchungen sind im einzelnen die historische Erkundung, die technische Erkundung und die Sanierungsuntersuchung, die detailliert durchzuführen sind. Der Auftraggeber muß sich sowohl über den Status quo als auch über das angestrebte Ziel im klaren sein, bevor er die zur Erlangung des Zieles notwendige Leistung ausschreiben kann. Um dieser Verpflichtung in vollem Umfang nachkommen zu können, muß der Ausschreibende fachkundig sein. Fehlt ihm die notwendige Fachkunde, so hat er sich von Fachkräften in geeignetem Maße helfen und beraten zu lassen. Gleiches gilt auch für das ggf. ausschreibende Ingenieurbüro. Lösung dieses Problems kann z. B. eine frühzeitige Einschaltung ausführender Firmen sein, um so mangelndes Wissen zu kompensieren.

Die VOB sieht in ihrem § 9 des Teiles A die Leistungsbeschreibung mit Leistungsverzeichnis als Regelfall vor. Danach soll die Leistung durch eine allgemeine Darstellung der Bauaufgabe (Baubeschreibung) und ein in Teilleistungen gegliedertes Leistungsverzeichnis beschrieben werden.

Die nach § 9 VOB/A auch mögliche Ausschreibung in Form einer Leistungsbeschreibung mit Leistungsprogramm (funktionale Leistungsbeschreibung – FLB) ist für die Sanierung von Altlasten sowohl für die gesamte Leistungsbeschreibung als auch für einzelne Leistungstitel abzulehnen, da bei Ausschreibung mit Leistungsprogramm zusammen mit der Bauausführung auch der „Entwurf für die Leistung" dem Wettbewerb unterstellt werden soll. Bei einem Vorgehen nach den Leistungsphasen I bis IV (vgl. Breitenborn 1993) ist dies jedoch praktisch nicht möglich und die Bewertung eingeholter Angebote entsprechend problematisch.

Alle Angaben, die nicht direkt in die einzelnen Positionen des Leistungsverzeichnisses aufgenommen werden können, sind in der Baubeschreibung darzustellen. Insbesondere sind das neben den örtlichen Verhältnissen die Verfahrensbeschreibung und die Ergebnisse aller bisheriger Untersuchungen.

Für das Leistungsverzeichnis selbst wird eine Unterteilung in 13 Titel vorgeschlagen:

**Leistungsverzeichnis Altlastensanierung**

- Titel 1: Baustelleneinrichtung
- Titel 2: Emissionsreduzierung, Arbeits- und Immissionsschutz
- Titel 3: Herrichten des Baufeldes
- Titel 4: Erdarbeiten
- Titel 5: Abbrucharbeiten
- Titel 6: Bohrarbeiten
- Titel 7: Wasserhaltungsarbeiten
- Titel 8: Bodenbehandlung
- Titel 9: Entsorgung
- Titel 10: Probennahme und Analytik
- Titel 11: Stundenlohnarbeiten
- Titel 12: Stillstandszeiten
- Titel 13: Bauzeitenverlängerung

Nach Ingenstau/Korbion (1989, S. 226, Rdn. 51) ist es „grundlegende Voraussetzung für die Feststellung der für die Preisermittlung maßgebenden Umstände, daß sich der Auftraggeber hinreichend über die Einzelheiten der beabsichtigten Bauherstellung im klaren sein muß. Dazu gehört, daß er, bevor er mit der Ausschreibung beginnt, in dem ihm grundsätzlich obliegenden planerischen Bereich die erforderlichen Vorarbeiten abgeschlossen hat, um eine ordnungsgemäße Leistungsbeschreibung aufstellen, also ausschreiben zu können." Der Ausschreibende ist also zu einer ausführlichen Untersuchung des kontaminierten Bodens und der baustellenspezifischen Gegebenheiten und damit zu einer sorgfältigen Erkundung und Gefährdungsabschätzung verpflichtet, um alle notwendigen technischen Angaben im Leistungsverzeichnis machen zu können.

Es ergibt sich für den Auftraggeber die Notwendigkeit, vor Beginn der Ausschreibung folgende Fragen möglichst genau zu klären und die Antworten in der Leistungsbeschreibung anzugeben:

- Einteilung der anstehenden Böden nach DIN 18196 (handelt es sich um nicht normierte Böden, ist eine genaue Untersuchung um so wichtiger);
- geologische und hydrogeologische Gegebenheiten;
- Art, Menge und Verteilung möglichst aller im Boden und im Grundwasser vorkommenden Schadstoffe (Schadstoffinventar);
- Wirkungspfade der einzelnen Schadstoffe (Mobilität);
- Reaktionsfähigkeit der ermittelten Stoffe an der Luft;
- Aufnahmepfade durch den Menschen;
- Art und Ausmaß der Risiken für den Menschen aus medizinisch-toxikologischer Sicht;
- Umfang der Dekontaminierung – Richtwerte für die Belastung nach erfolgter Sanierung festlegen;
- Auswahl der/des Verfahren(s) zur Sanierung inklusive der zu treffenden Schutzmaßnahmen für die Umgebung und die Personen auf der Baustelle;
- Erstellung eines Sicherheitsplanes gemäß den Anforderungen der „Richtlinie für Arbeiten in kontaminierten Bereichen".

Nach den Abschnitten 0 der DIN 18299 ff. sind in diesem Zusammenhang in der Leistungsbeschreibung nach den Erfordernissen des Einzelfalls insbesondere folgende die einwandfreie Preisermittlung beeinflussenden Umstände anzugeben:

- Lage der Baustelle und Umgebungsbedingungen;
- Bodenverhältnisse, Ergebnisse von Bodenuntersuchungen;
- hydrologische Werte von Grundwasser und Gewässern,
- besondere wasserrechtliche Vorschriften;
- besondere Vorgaben für die Entsorgung;
- Schutzgebiete oder Schutzzeiten im Bereich der Baustelle, z. B. wegen Forderungen des Wasser-, Landschafts- oder Lärmschutzes;
- Angaben über schadstoffbehaftete Stoffe und Bauteile;
- besondere Anforderungen an die Baustelleneinrichtung;
- unter welchen Bedingungen auf der Baustelle gewonnene Stoffe verwendet werden dürfen oder verwendet werden sollen;
- wesentliche Änderungen der Eigenschaften und Zustände von Boden und Fels nach dem Lösen;
- Art und Möglichkeiten der Zwischenlagerung;
- besondere Maßnahmen zum Schutz von benachbarten Grundstücken und Bauwerken;
- Maßnahmen für das Beseitigen von Grund-, Quell- und Sickerwasser o. ä.

Im Rahmen des Vorhabens wurden beispielhafte Musterpositionen auf der Basis der oben genannten Voraussetzungen erarbeitet, die dem Bearbeiter Hilfen zur Erstellung projektbezogener Leistungsverzeichnisse geben sollen. Vor Übernahme ist jedoch eine kritische Prüfung im Einzelfall unerläßlich.

## 3. Vertragsbedingungen

Ein wichtiger Bestandteil der Ausschreibungsunterlagen sind neben der Leistungsbeschreibung die Vertragsbedingungen. Besonderer Bedeutung kommt dabei in erster Linie den Allgemeinen Technischen Vertragsbedingungen (ATV) VOB/C zu. Da es für den Bereich der Sanierung von Altlasten keine eigenständige ATV gibt, sind zunächst die Bestimmungen der DIN 18299 „Allgemeine Regelungen für Bauarbeiten jeder Art“ bindend. Die Anpassung der DIN 18299 an die aktuellen Erfordernisse der Altlastensanierung wurde im September 1992 nur teilweise vollzogen. Alle in VOB/C angesprochenen Leistungen im Zusammenhang mit dem Baustoff Boden beschränken sich auf einen nach DIN 4022 bzw DIN 18196 normierten Boden. Die Ausweitung des Geltungsbereiches auf Arbeiten in nichtnormierten Böden (z. B. auf Deponien) ist bisher noch offen.

## 4. Vergütung

Die Vergütung ist die vom Auftraggeber dem Auftragnehmer vertragsgemäß geschuldete Gegenleistung für die Erstellung des in der Leistungsbeschreibung und den Vertragsbedingungen vereinbarten Werkes.

Prinzipiell ermöglicht die Verdingungsordnung für Bauleistungen 4 unterschiedliche Berechnungsarten für die Vergütung:

- den Leistungsvertrag mit Einheitspreisen,
- den Leistungsvertrag mit Pauschalpreis,
- den Stundenlohnvertrag und
- den Selbstkostenerstattungsvertrag.

Nach VOB/A § 5 Nr. 1 „sollen Bauleistungen grundsätzlich so vergeben werden, daß die Vergütung nach Leistung bemessen wird, und zwar in der Regel zu Einheitspreisen ... (Einheitspreisvertrag)“. Dies bedeutet, daß die Vereinbarung der 3 anderen Berechnungsarten die Ausnahme bleiben soll.

Auch für den Bereich der Bauverträge über die Sanierung von Altlasten sollte der Einheitspreis die Grundlage bilden, obgleich sich gerade bei der Vorermittlung der Mengen Schwierigkeiten ergeben können, die eine andere Art der Vergütung als günstiger erscheinen lassen.

Insbesondere die Ausschreibung und die Kostenermittlung von Sanierungsmaßnahmen haben in der Vergangenheit Bauherren, Planern und Ausführenden erhebliche Probleme bereitet. Die Tatsache, daß Submissionsergebnisse häufig über mehrere 100% auseinanderliegen ist letztendlich in erster Linie auf die fehlenden Erfahrungen in bezug auf die Kostenermittlung bei Altlastensanierungen zurückzuführen.

## 5. Kalkulation

Ein Ziel des Vorhabens war es, auf Kosteneinflüsse im Rahmen von Sanierungsmaßnahmen aufmerksam zu machen, wobei speziell Einflußfaktoren zur Abschätzung von Lohn- und Aufwandswerten wesentlicher Leistungsbereiche bei der Sanierung von Altlasten ermittelt wurden. Darüber hinaus wurden die ermittelten Einflüsse durch gezielte Fachgespräche mit Planern, Kalkulatoren und Bauausführenden erhärtet und quantifiziert.

Oftmals ergeben sich bei der Kalkulation von Leistungen zur Sanierung von Altlasten Probleme, da entsprechende Erfahrungswerte fehlen. Im folgenden werden für die Ermittlung der Vergütung nach dem Einheitspreisvertrag bei Bauverträgen zur Altlastensanierung wichtige Aspekte dargelegt.

Einzelkosten der Teilleistungen:

Die im Rahmen des Bauvorhabens anfallenden Kosten sind vom Bieter möglichst genau zu ermitteln und in den einzelnen im Leistungsverzeichnis (LV) aufgeführten Teilleistungen zu erfassen. Je detaillierter ein LV ist, desto genauer lassen sich die Kosten den unterschiedlichen Positionen zuordnen.

Für den Bereich der Sanierung von Altlasten haben – wie im klassischen Erdbau – die Gerätekosten in vielen Fällen einen sehr hohen Anteil. Die Planung der einzusetzenden Geräte ist oft äußerst problematisch, da z. B. trotz intensiver Untersuchungen des anstehenden Bodens bzw. des anstehenden Aushubmaterials seine tatsächliche Zusammensetzung im vorhinein häufig nicht geklärt werden kann.

Von entscheidender Bedeutung können des weiteren auch die Kosten für die Arbeitsschutzmaßnahmen sein. Beachtenswert ist dabei, daß aus den Anforderungen des Arbeitsschutzes verkürzte Einsatz- oder Aufenthaltszeiten des Baustellenpersonals in den Schwarz-Weiß-Anlagen zwecks Dekontamination resultieren. Dadurch ist ein erhöhter Ansatz der Mannstunden für die verschiedenen Teilleistungen zu berücksichtigen.

Die Bestimmung der Aufwands- und Leistungswerte ist aufgrund der fehlenden Erfahrungen eines der größten Probleme der Kalkulation von Leistungen im Bereich der Altlastensanierung.

Gemeinkosten der Baustelle:

Alle nicht unmittelbar den Einzelkosten der Teilleistungen zuzuordnenden und im Verlauf der Erstellung des Werkes anfallenden weiteren Kosten sind als Gemeinkosten der Baustelle zu fassen und in der Regel auf die EkdT umzulegen.

Diese Umlage der Gemeinkosten ist aber in der Altlastensanierung nicht praktikabel, da in einer Vielzahl der Fälle weder der zeitliche Rahmen noch die zu bewältigenden Mengen genau festgelegt werden können. In einer Einzelposition dürfen daher nur Kosten erfaßt werden, die der jeweiligen Mengen- oder Zeiteinheit direkt zurechenbar sind. Jede Vermischung von mengen- und zeitabhängigen Kosten führt bei einer Mengenmehrung größer bzw. kleiner 10 % (vgl. VOB/B § 2.3) zu Streitigkeiten. So ist z. B. das Einrichten und Räumen der Baustelleneinrichtung eindeutig zeitunabhängig (Menge = 1, daher pauschal) und klar zu trennen vom Vorhalten der Baustelleneinrichtung, da diese Leistung zeitabhängig ist.

Die Lösung des Mengen- oder Zeitrisikoproblems liegt in der Eliminierung dieses Risikos. Der Einheitspreis für eine bestimmte Leistung (z. B. 1 $m^3$ Bodenaushub) muß derart kalkuliert werden, daß alle Kosten eindeutig der zu erbringenden Leistung zugeordnet werden können. Damit sind alle üblichen Gemeinkosten der Baustelle eindeutig einzelnen Positionen zuzuordnen. Somit entfällt für den Auftragnehmer auch bei einer erheblichen Mengenmehrung oder -minderung die Ermittlung eines neuen Einheitspreises, solange sich nicht gleichzeitig die Kalkulationsgrundlage ändert. Nicht berücksichtigte Gemeinkosten der Baustelle sind in eigene Positionen zu fassen und je nach Abhängigkeit von der Zeit entweder pauschal oder mit dem Vordersatz Menge pro Zeiteinheit auszuschreiben und anzubieten.

Durch diese Maßnahme ist ein großer Teil ggf. anstehender Nachträge unproblematisch zu regeln. Des weiteren sind alle Möglichkeiten des Nachtragswesens auf der Grundlage von § 2 VOB/B zu untersuchen und Lösungen zur einfachen Regelung zu erarbeiten. Ziel kann es nicht sein, die Nachträge gänzlich zu verhindern, sondern Ziel muß es sein, mögliche Streitpunkte im vorhinein zu erkennen und vertraglich zu regeln.

Allgemeine Geschäftskosten sowie Wagnis und Gewinn:
Die allgemeinen Geschäftskosten werden im Normalfall wie die Gemeinkosten der Baustelle auf die Einzelkosten der Teilleistungen umgelegt. Gleiches gilt für die Anteile aus Wagnis und Gewinn. Die Erstellung einer eigenen Position für diesen gesamten Kostenbereich ist nicht realisierbar, so daß diese Kosten wie bisher üblich umgelegt werden müssen.

Aufwands- und Leistungswerte:
Aufwandswerte sind die erforderlichen Arbeits- bzw. Lohnstunden, die für die Herstellung einer Mengeneinheit einer bestimmten Bauleistung benötigt werden.

$$AW = \frac{\text{Lohnstunde [Lh]}}{\text{Mengeneinheit [ME] (z. B. m}^3\text{, m}^2\text{, St., t)}}$$

Aufwandswerte werden in der Regel aus Nachkalkulationen abgeleitet, die somit langfristig zu verwertbaren Erfahrungswerten führen. Zusammenstellungen solcher Erfahrungswerte sind in zahlreichen Literaturen dargestellt. Vor der Übernahme der dort angegebenen Werte ist jedoch zu prüfen, ob die gleichen Ausführungsbedingungen vorliegen und die Werte auf den aktuellen Anwendungsfall übertragbar sind.

Der Mensch ist für die Ermittlung von Aufwandswerten der wesentlichste Bestimmungsfaktor. Von seiner Motivation und Qualifikation ist es im Normalfall abhängig, mit welcher Geschwindigkeit eine definierte Leistung erbracht werden kann. Einflüsse wie die tägliche Arbeitszeit, der Aspekt der Einarbeitung, das Wetter, die allgemeinen Baustellenbedingungen, die Zusammensetzung des Baustellenpersonals, das Organisations- und Improvisationstalent des Bauleiters oder Poliers u.v.a.m. spielen dabei eine Rolle. Nicht zu vernachlässigen ist auch der Aspekt des qualifizierten Umgangs mit Werkzeugen und Geräten. Ein hohes Maß an Geschicklichkeit und Erfahrung ist notwendig, um die vorgegebene technisch mögliche Geräteleistung ausnutzen zu können.

Leistungswerte sind die zur Herstellung einer Mengeneinheit benötigten Gerätestunden.

$$\text{Leistungswert} = \frac{\text{Menge [ME]}}{\text{Gerätestunde [Gh]}}$$

Auch für die Leistungswerte existieren aus Nachkalkulationen abgeleitete Zahlenangaben, die in der Fachliteratur dargestellt sind. Die Überprüfung und etwaige Anpassung an abweichende Randbedingungen ist hier ebenfalls zwingend erforderlich. Solche Randbedingungen können die Witterung, die Bodenverhältnisse, die Losgröße, die Lage der Baustelle, die schon angesprochene Qualifikation des Geräteführers o. ä. sein. Unter Einbeziehung des Personalaufwandes, der für den Betrieb und die Instandhaltung eines Gerätes notwendig ist, lassen sich aus den Leistungswerten auch Aufwandswerte ableiten.

Bei der Sanierung von Altlasten ist in der Regel mit einer Verminderung der Leistungswerte und einer Erhöhung der Aufwandswerte zu rechnen.

Für den Bereich des Arbeitsschutzes wurden Kosteneinflüsse zur Kalkulation der Schwarz-Weiß-Anlagen und zur persönlichen Schutzausrüstung untersucht. Besondere Bedeutung haben darin die Wirkungen des Atem- und Körperschutzes auf Aufwandswerte. So erfordert z. B. das Tragen von Filtergeräten bzw. von isolierenden Schutzanzügen eine Anhebung der Lohnaufwandswerte. Tragezeitbegrenzungen und Dusch- sowie Umkleidevorgänge führen zu Arbeitszeitverlusten. In der Kombination ergibt sich ein Erhöhungsfaktor der Aufwandswerte für Arbeiten unter Atem- und Körperschutz. Wegen der vielfältigen Randbedingungen ist dieser Wert aber nicht allgemeingültig quantifizierbar.

Bei Erdarbeiten auf kontaminiertem Gelände sind nach den bisherigen Erfahrungen Leistungsminderungen von 30 % bei günstigen bis zu 70 % bei ungünstigen Voraussetzungen zu erwarten. Zur Klassifizierung von Art und Grad der Gefährdung liegen Beiträge von Bartels-Langweige u. Hirschberger (1989) vor.

Bei den Abbrucharbeiten besteht der wesentliche Unterschied zum herkömmlichen Vorgehen darin, durch geeignete Maßnahmen in der Abbruchvorbereitung die Gebäudesubstanz weitestgehend von Verunreinigungen in Form von Stäuben und Verkrustungen zu befreien sowie zu einer größtmöglichen Recyclingquote des Abbruchmaterials zu gelangen.

Als maßgebliche Verfahren der Bodenbehandlung werden thermische, chemisch-physikalische und mikrobiologische Verfahren sowie die Bodenluftabsaugung herausgestellt. Sicherungsverfahren wie vertikale und horizontale Kapselung oder Immobilisierung wurden bewußt außer acht gelassen, um den Untersuchungsaufwand in Grenzen zu halten. Die vielfältigen Kosteneinflüsse für die Bodenbehandlungsverfahren eröffnen verschiedene Varianten zur Eingrenzung von Selbstkostenermittlungen in DM/t. So besteht eine Lösungsmöglichkeit darin, durch ein fünfachsiges Koordinatensystem in der Bodenbehandlung zu realistischen Werten zu gelangen (Abb. 1). Dazu sind zunächst auf der

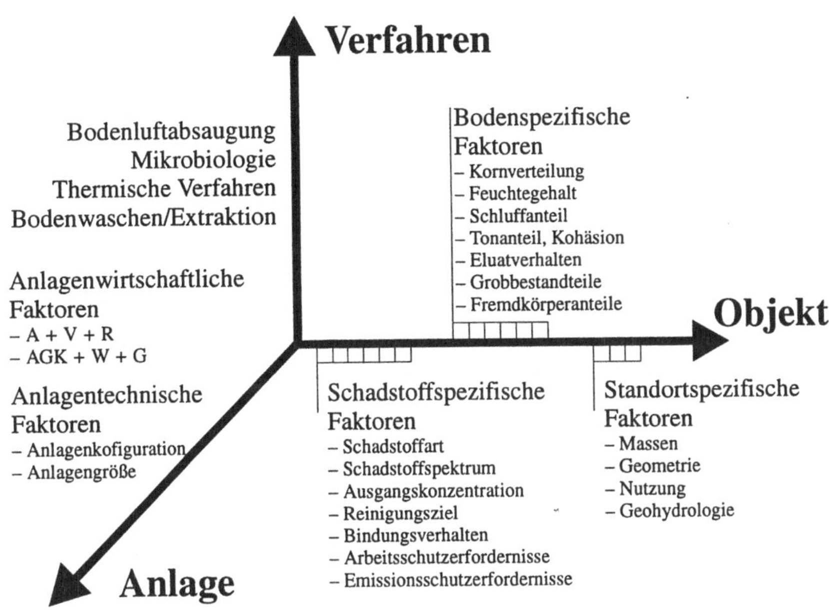


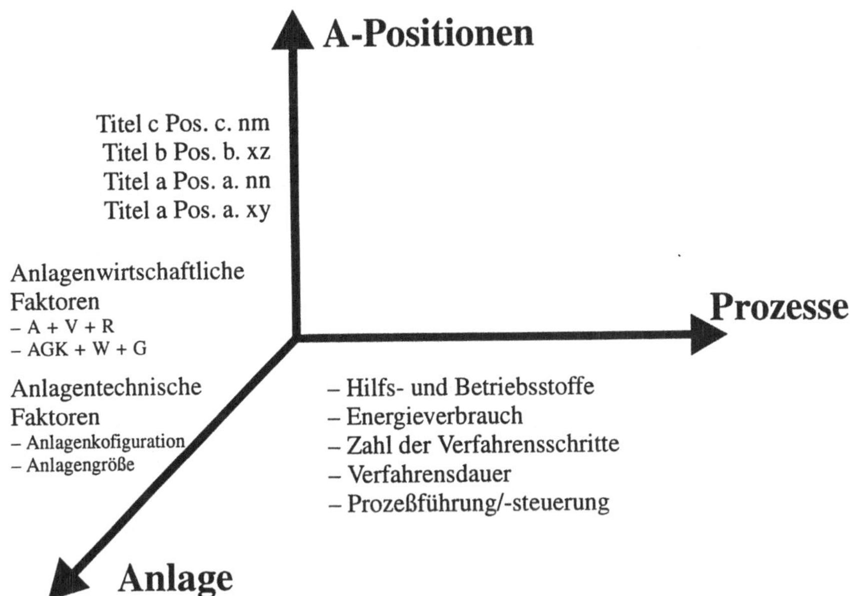


**Abb. 1.** Koordinatensystem der Bodenbehandlung

Objektachse boden-, schadstoff- und standortspezifische Faktoren zu ermitteln, die auf der Verfahrensachse eine Verfahrensauswahl ermöglichen. Abhängig von der Reinigungsmenge und dem Reinigungsziel sind danach auf der Anlagenachse anlagentechnische und anlagenwirtschaftliche Faktoren auszuwählen.

Diese gestatten auf der Prozeßachse die Präzisierung des Aufwandes an Personal-, Hilfs- und Betriebsstoffen sowie Energie und damit auf der Projektachse die Ermittlung von Einzelkosten der Teilleistungen für die verschiedenen Kostenarten sowie von Gemein- und allgemeinen Geschäftskosten, Wagnis und Gewinn. Gemeinkostenpositionen sind möglichst vollständig in Einzelpositionen des Leistungsverzeichnisses aufzulösen, damit bei Bedarf die Auswirkungen von Leistungsänderungen und Leistungsstörungen auf die Vergütung vertraglich durch Abrechnung anstatt durch Nachträge ermittelt werden können.

Die Kosten für die Entsorgung der nicht reinigungsfähigen Reststoffe werden vor allem bestimmt durch den Transport zur Entsorgungsstätte und die Kosten der Deponierung.

Durch kalkulatorische Verfahrensregeln für Stillstandszeiten (Titel 12) sowie für Leistungs- und Bauzeitveränderungen (Titel 13) können darüber hinaus die Grundlagen für ggf. erforderliche Nachtragsvereinbarungen bei Vergütungsänderungen aus Leistungsänderungen und Leistungsstörungen gelegt werden.

## 6. Zusammenfassung

Die vorliegenden Ausführungen fassen Arbeitsergebnisse des DFG-Forschungsvorhabens „Arbeitshilfen zur Beauftragung von Planern, Gutachtern und Firmen mit der Sanierung von Altlasten" für die Bereiche der Leistungsbeschreibung und Kalkulation von Sanierungsmaßnahmen zusammen. Sie sollen Impulse geben und Anregungen bieten für eine qualifizierte Aufgabenerfüllung durch Auftraggeber, Planer und Firmen. Auftraggeber und Auftragnehmer sollen in die Lage versetzt werden, vereinbarte Verträge auch einzuhalten bzw. durchzusetzen unter Wahrung eines angemessenen Verhältnisses gegenseitiger Pflichten und Rechte.

## Literatur

Bartels-Langweige, Hirschberger (1989) Besonderheiten der Baubetriebsplanung und Verfahrenswahl bei der Umlagerung kontaminierter Böden. In: Tiefbauberufsgenossenschaft: Sonderdruck Altlasten, S. 81–87

Breitenborn (1993) Leistungsbeschreibungen und Honorarfindung für Gutachterleistungen bei der Altlastensanierung – Vortrag beim Umweltinstitut Offenbach im Rahmen des Seminars „Ausschreibungs- und Vergabepraxis bei Leistungen im Rahmen der Altlastenbearbeitung" vom 30.11. bis 01.12.93

Diederichs CJ, Rüller G (1992) „Arbeitshilfen zur Beauftragung von Planern, Gutachtern und Firmen mit der Sanierung von Altlasten" – Abschlußbericht des DFG-Forschungsvorhabens. DVP Verlag, Wuppertal

Hollstegge W (1989) Die VOB in der Praxis. Straßen- und Tiefbau 3: 25–28;
Ingenstau H, Korbion H (1989) VOB Teile A und B, Kommentar. Werner-Verlag, Düsseldorf

# Großtechnische Altlastensanierung – Leistungskriterien und Handlungshilfen

Jürgen Fortmann

Die Sicherung und Wiedernutzbarmachung von Industriebrachen ist eine der großen Aufgaben unserer Zeit. Grüne Wiesen und Waldflächen müssen bewahrt werden: In Anbetracht der großen, vorhandenen Industriebrachflächen sollten sie nur in Aussnahmefällen für eine Industrieansiedlung entfremdet werden.

Viele alte Industriestandorte sind jedoch leider durch Unkenntnis, Fahrlässigkeit, Betriebsstörungen oder Kriegseinwirkungen zu Altlasten geworden. Unsere Aufgabe besteht darin, die Altlasten abzusichern und je nach Gefährdungspotential zu sanieren.

Auch wenn die Altlastenflächen oberflächlich betrachtet grün aussehen und z. T. bereits eine beträchtliche ökologische Rückentwicklung zur Natur stattgefunden hat, verbergen sich jedoch vielfach gefährliche, toxische und grundwassergefährdende Substanzen im Boden.

Diese Gefährdungen werden zunächst durch aufwendige Verfahren mit dem Ziel abgeschätzt, eine Folgenutzungsstrategie zu entwickeln und die Sanierungsziele festzulegen.

Bei der Betrachtung der kontaminierten Industriestandorte sind insbesondere die Gefahren für das Grundwasser abzuschätzen sowie die Sanierung auf den neuen Nutzungszweck abzustimmen.

Einfache Sanierungsmaßnahmen, die sich in vielen Fällen erfolgreich einsetzen lassen, sind die Bodenluftabsaugung und die hydraulischen Verfahren.

Bei der Bodenluftabsaugung wird Luft aus dem Untergrund abgesaugt und somit ein leichtflüchtiger Schadstoff weitgehend entfernt. Bei den hydraulischen Maßnahmen wird das kontaminierte Grundwasser abgepumpt und gereinigt.

Durch beide Verfahren wird also die Kontamination des Bodens durch das Trägermedium Luft oder Wasser beseitigt.

Eine weitere Möglichkeit ist die Sicherung von Kontaminationsherden durch oberflächliche Verfestigung und Abdeckung sowie durch das Einkapseln mit Schlitzwänden.

Bei schwereren Fällen von Verunreinigungen bleibt als einzige Möglichkeit, insbesondere bei der Gefährdung des Grundwassers, nur das Ausheben des Bodenmaterials und die Reinigung in speziellen Anlagen für die Bodensanierung.

Generell bieten sich hierfür die Verfahren der Mikrobiologie, die Waschverfahren und die thermischen Verfahren an (Abb. 1).

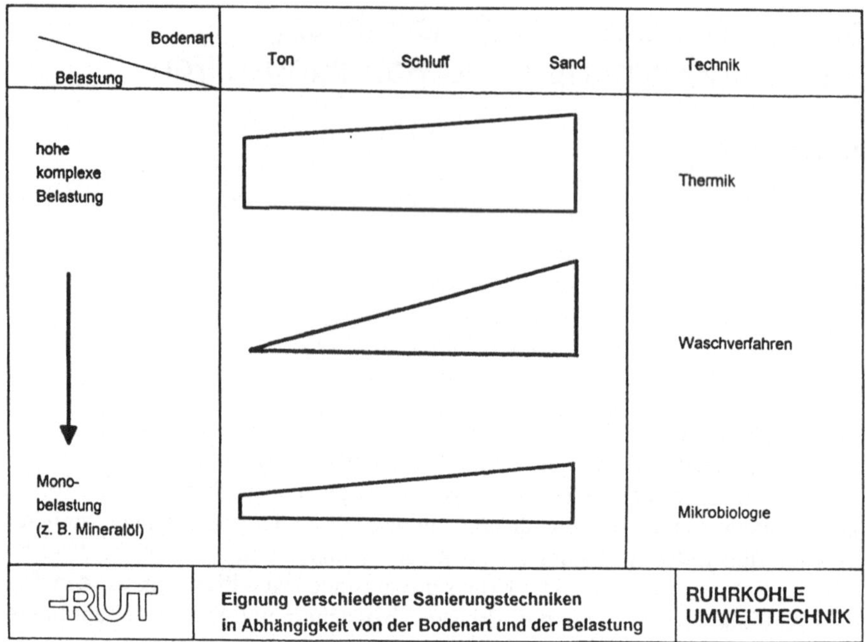


**Abb. 1.** Eignung verschiedener Sanierungstechniken in Abhängigkeit von der Bodenart und der Belastung

Diese Verfahren sind bezüglich ihrer Einsatzmöglichkeiten schwer vergleichbar und zeichnen sich durch unterschiedliche Reinigungsleistungen und Anwendungsbereiche aus:

Die Mikrobiologie hat zwar den kleinsten Anwendungsbereich, ist aber in der Bundesrepublik Deutschland am weitesten verbreitet. Die Ursache hierfür liegt im wesentlichen in der Genehmigung und der relativ einfachen Verfahrensweise (Abb. 2).

Waschverfahren werden im Markt durch 6 Anbieter, vorwiegend in stationären Anlagen, angeboten. Diese Verfahren haben eine größere Anwendungsbreite als die Mikrobiologie, zeichnen sich jedoch durch große Reststoffmengen aus, die nur schwer und mit erheblichem Kostenaufwand entsorgt werden können. Die Reinigungsleistung ist zwar besser als die von mikrobiologischen Verfahren, wird jedoch durch die von thermischen Verfahren deutlich übertroffen (Abb. 3).

Bei den thermischen Hochleistungsverfahren werden die indirekten und die direkten Verfahren unterschieden. Bisher gibt es in der Bundesrepublik Deutschland nur zwei leistungsfähige Pyrolyseanlagen im industriellen Maßstab, nämlich einmal eine Anlage der RAG, die im Rahmen eines F+E-Vorhabens betrieben wurde, sowie eine Versuchsanlage von Hochtief mit Nachverbrennung und Rauchgasreinigung.

Eine Reihe von thermischen Anlagen befindet sich derzeit in Planung; eine Anlage nach dem Wirbelschichtprinzip ist in Berlin im Bau.

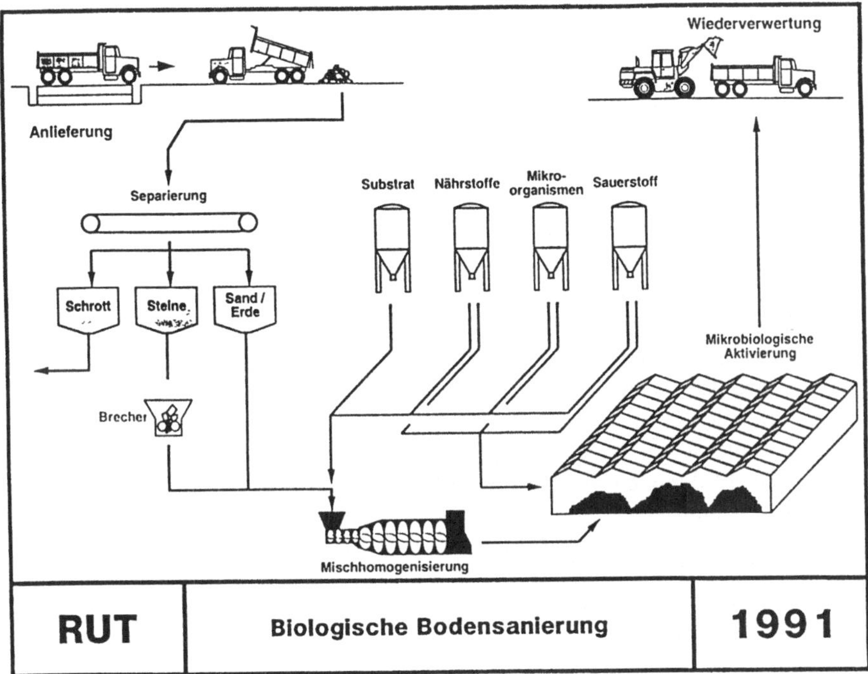


**Abb. 2.** Biologische Bodensanierung

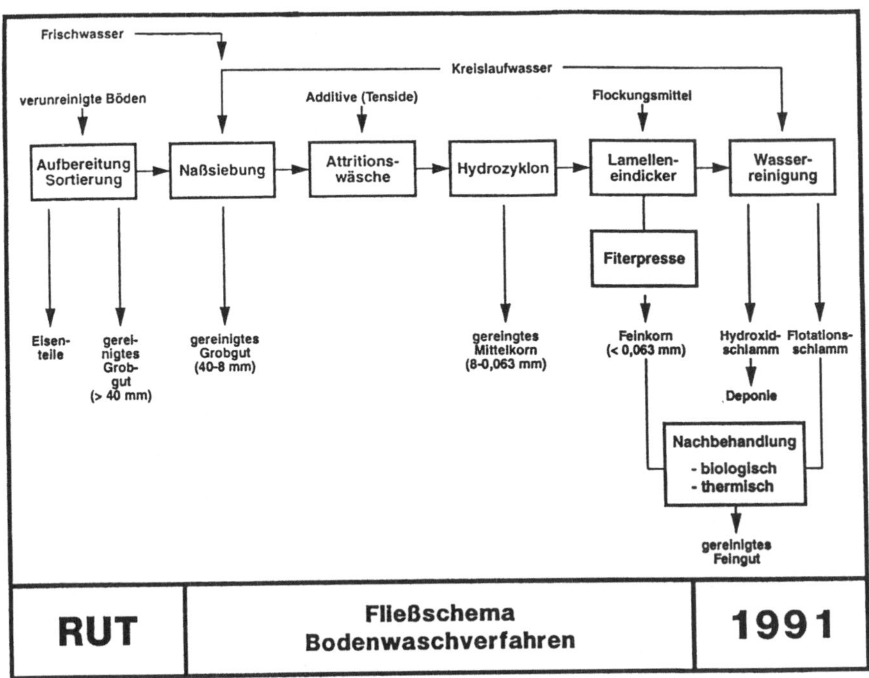


**Abb. 3.** Fließschema Bodenwaschverfahren

Derzeit werden mehrere Genehmigungsverfahren betrieben, so z. B. zwei von der Ruhrkohle Umwelttechnik in den neuen Bundesländern und eine in Nordrhein-Westfalen.

Ruhrkohle Umwelttechnik verfügt über 3 Verfahren, nämlich die Verfahren Terra·Therm (Abb. 4), Terra·Dest (Abb. 5) und Terra·Por.

Die Systeme Terra·Therm und Terra·Dest sind als stationäre und semimobile Anlagen in der Planung; das mobile System Terra·Por wird derzeit als Vorführanlage für den Markt gebaut.

Das Terra·Dest-System (Abb. 5) zeichnet sich dadurch aus, daß der Boden in einer Drehrohranlage indirekt erwärmt und die Schadstoffe in einer nachgeschalteten Wertstoffanlage kondensiert und aufbereitet werden.

Bei dem mobilen System Terra·Por, das besonders für chlorierte Kohlenwasserstoffe, Quecksilber und leichtsiedende Kohlenwasserstoffe geeignet ist, werden die Schadstoffe unter definierten Druck- und Dampfverhältnissen in einem geschlossenen System im Niedertemperaturbereich langsam erwärmt und in einer nachfolgenden Wertstoffanlage (wie bei Terra·Por) aufbereitet.

Für großtechnische Sanierungen bieten sich insbesondere thermische Verfahren nach dem System Terra·Therm (Abb. 4) mit Leistungen zwischen 20 und 40 t/h an. RUT kooperiert mit dem niederländischen Partner Ecotechniek, bei dem 2 Anlagen mit einer durchschnittlichen Stundenleistung von zusammen 60 t betrieben werden.

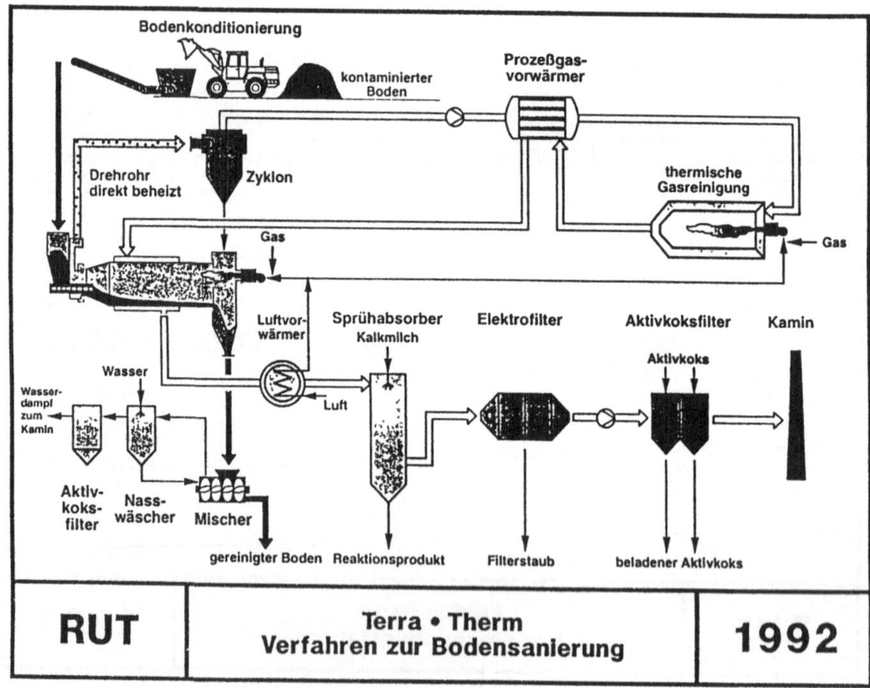


**Abb. 4.** Terra-Therm-Verfahren zur Bodensanierung

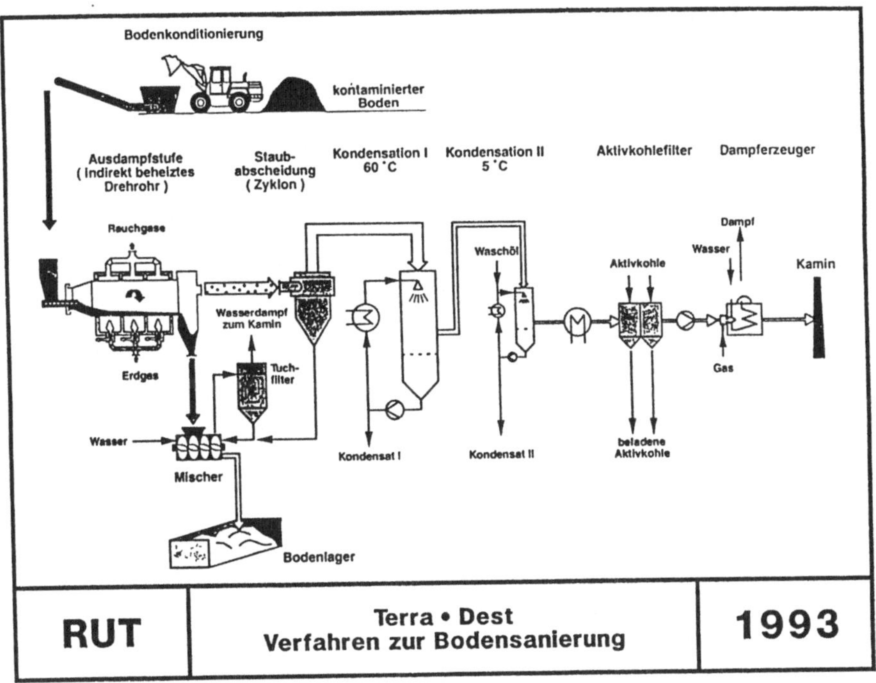


**Abb. 5.** Terra-Dest-Verfahren zur Bodensanierung

Die auf Baustellen ausgehobenen, kontaminierten Bodenmassen werden per Lkw und Schiff zu diesen Anlagen transportiert, dort gereinigt und zur Baustelle zurücktransportiert; für Rekultivierungszwecke werden sie mit Nährstoffen und Humusbildnern aufbereitet und am Ort der Rekultivierung eingebaut. Diese Möglichkeit findet besonderes Interesse in den neuen Bundesländern.

Die großtechnische thermische Sanierung läßt erhebliche Leistungen zu. So wurde z. B. eine Großmaßnahme mit 80.000 t Boden innerhalb von 70 Tagen abgewickelt. Die durchschnittliche Leistung in beiden Anlagen lag trotz der hohen Kontaminationen durch Teeröle (PAK) bei über 1.000 t pro Tag.

Das genannte thermische Verfahren von Ecotechniek, das für Deutschland unter dem Namen Terra·Therm weiterentwickelt wurde, zeichnet sich dadurch aus, daß nur in geringen Mengen Reststoffe aus der Rauchgasreinigung, nämlich 1 % der Einsatzstoffmenge, anfallen. Die Systeme verfügen über Gasreinigungssysteme entsprechend den Forderungen der 17. BImSchV, so daß sie auch in der Bundesrepublik Deutschland überall einsetzbar sind. Die Verfahren zeichnen sich dadurch aus, daß sie bezüglich der Reinigung geringfügig teurer sind als mikrobiologische Verfahren und ungefähr ebensoviel kosten wie die Waschverfahren, wobei der Reinigungsgrad der Verfahren nicht berücksichtigt wird. Wenn die Reinigungsleistung bei der Preisfindung berücksichtigt wird, sind die thermischen Verfahren sowohl im Vergleich zu den Waschverfahren, als auch zu den mikrobiologischen Verfahren deutlich preiswerter.

In diese Richtung gehen Versuche im Bereich der Niedertemperaturfahrweise, die zeigen, daß auch PAK-Schäden mit hohen Verunreinigungen bei niedrigen Temperaturen leicht beseitigt werden können, und zwar auf Werte deutlich unterhalb denen von Waschverfahren (Abb. 6 und 7).

Diese Versuche sind im wesentlichen abgeschlossen und werden demnächst Anwendung im Markt finden.

Ebenso abgeschlossen sind Versuche mit Böden, die mit Pflanzenschutzmitteln, a-, b-, g-HCH, Dioxinen, Furanen und PCB verunreinigt sind. Die thermische Reinigung dieser Stoffe stellt bei dem System Terra·Therm kein Problem dar, und die geforderten Abgasreinigungswerte wurden, wie in einem Großversuch über 3.500 t festgestellt, einwandfrei erreicht.

Die großtechnische Altlastensanierung ist heute möglich und zu beherrschen; Untersuchungen zeigen, daß die Reinigungsleistung gesteigert und die Kosten für die Reinigung reduziert werden können.

| | Konzentration im Eintrag [mg/kg TS] | | | Konz. im Austrag [mg/kg] |
|---|---|---|---|---|
| | von | bis | Durchschnitt | |
| Naphthalin | 230 | 168.000 | 18.000 | 0,06 |
| Fluoren | 180 | 1600 | 500 | 0,15 |
| Phenanthren | 210 | 3800 | 1100 | 0,6 |
| Anthracen | 180 | 1200 | 450 | 0,13 |
| Fluoranthen | 95 | 2100 | 800 | 0,25 |
| Pyren | 70 | 130 | 500 | 0,2 |
| Benzo(a)anthracen | 25 | 420 | 250 | 0,05 |
| Chrysen | 22 | 340 | 200 | 0,15 |
| Benzo(b)fluoranthen | 16 | 400 | 200 | 0,03 |
| Benzo(k)fluoranthen | 10 | 150 | 80 | 0,03 |
| Benzo(a)pyren | 12 | 290 | 150 | 0,02 |
| Indeno(1,2,3,c,d)pyren | 2 | 180 | 90 | 0,05 |
| Dibenzo(a,h)anthracen | 3 | 60 | 25 | 0,05 |
| Benzo(g,h,i)perylen | 3 | 220 | 120 | 0,05 |

| RUT | Projekt Arenberg in Bottrop<br>Abreinigungseffizienzen der Anlagen<br>Rotterdam / Utrecht | 1991 |
|---|---|---|

**Abb. 6.** Projekt Arenberg in Bottrop, Abreinigungseffizienzen der Anlagen Rotterdam/Utrecht

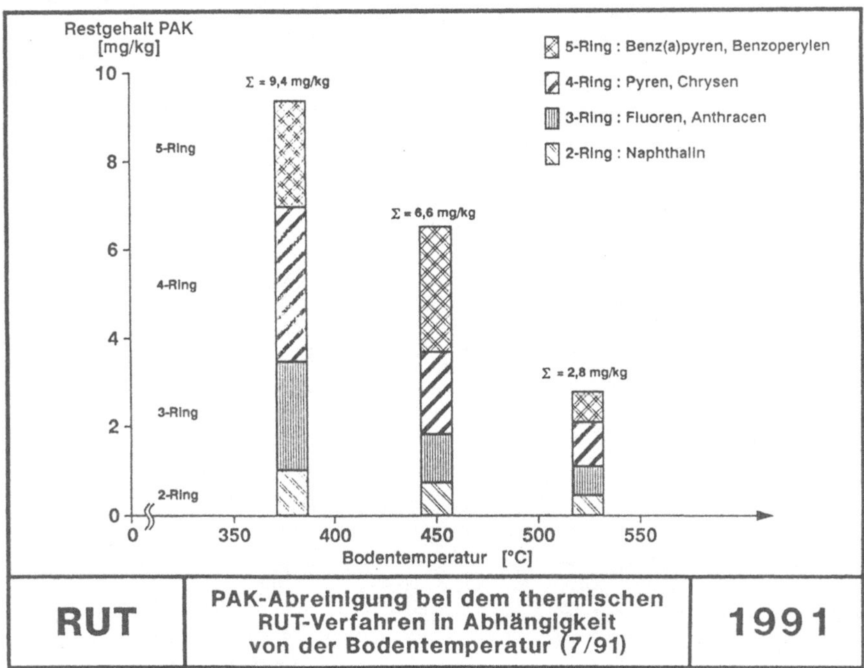


**Abb. 7.** PAK-Abreicherung bei dem thermischen RUT-Verfahren in Abhängigkeit von der Bodentemperatur (7/91)

# Die Ausschreibung von Altlastensanierungen unter dem Gesichtspunkt der Spezifikation der Sanierungsverfahren

Joachim Spanier

Zur Durchführung einer problemorientierten Altlastensanierung zu günstigen Preisen erweist sich die Ausschreibung der erforderlichen Maßnahmen als geeignetes Mittel (s. Beispiele im Anhang).

Die Dienstleistung der Altlastensanierung entwickelt sich zunehmend zu einem Markt, der durch eine Vielzahl von Anbietern abgedeckt wird. Daraus ergibt sich eine zunehmende Zahl von firmentypischen Varianten der zur Anwendung kommenden Sanierungsverfahren. Für den Sanierungspflichtigen wird es daher immer schwieriger, einerseits das geeignete Sanierungsverfahren auszuwählen und andererseits ein preiswertes Dienstleistungsunternehmen für die Sanierung ausfindig zu machen.

Die Planung und Ausschreibung der zu erbringenden Leistungen zur Altlastensanierung durch ein unabhängiges Planungsbüro ist für den Sanierungspflichtigen der günstigste Weg, eine problemorientierte Sanierung zu marktorientierten Preisen zu erhalten.

## 1. Vorarbeiten zur Sanierungsausschreibung

Grundlage der Planung der Altlastensanierung ist die Erstellung des Sanierungskonzepts. Dieses Konzept beinhaltet die Erarbeitung verschiedener Sanierungsalternativen und die Auswahl des anzuwendenden Sanierungsverfahrens unter Mitwirkung der fachlich Beteiligten.

Das Sanierungskonzept muß abschließend festhalten, ob eine In-situ-Sanierung erfolgt oder ein Bodenaushub stattfindet. Auch ist die grundsätzliche Festlegung des Reinigungsverfahrens für die zu reinigenden Medien Boden, Grundwasser und Bodenluft und das gegebenenfalls anfallende Abwasser bzw. die anfallende Abluft zu treffen.

Für die Umsetzung des Sanierungskonzeptes sind die entsprechenden Genehmigungen einzuholen. Welche Genehmigungsverfahren zu durchlaufen sind, richtet sich nach dem Sanierungsfall und ist mit den zuständigen Behörden zu klären.

Sind diese Vorarbeiten abgeschlossen, kann mit der Ausführungsplanung für die Sanierung begonnen werden. Die Ausführungsplanung beinhaltet im wesentlichen die Erarbeitung sämtlicher für die Ausführung erforderlichen Unterlagen sowie die Beschaffung der hierfür notwendigen Informationen.

Auf der Grundlage der Ausführungsplanung kann die Vergabe der Sanierung vorbereitet und die zu erbringenden Leistungen spezifiziert und in Einzelpositionen aufgegliedert werden.

## 2. Datengrundlage

Zur genauen Spezifizierung der zu erbringenden Leistungen sind umfangreiche Daten bezüglich der zu sanierenden Altlast erforderlich. Diese Datengrundlage ist nicht zwingend mit den Daten zur Gefährdungsabschätzung identisch. Daher ergibt sich im Zuge der Planung der Altlastensanierung mitunter die Notwendigkeit, zusätzliche Informationen zu beschaffen.

Diese Datenbeschaffung kann z. T. durch eine einfache Probenahme mit nachgeschalteter Analytik, z. B. zur Bestimmung der Härte von Grundwasser erfolgen. Es sind allerdings auch umfangreiche Vorversuche zur Bestimmung der zur Anwendung kommenden Anlagen möglich. Dies ist insbesondere bei Verfahren zur In-Situ-Sanierung und zur biologischen oder extraktiven Bodenreinigung erforderlich.

An einigen Beispielen soll dies verdeutlicht werden:

*Bodenluftabsaugung:*
Mittels Absaugversuch lassen sich z. B. folgende Parameter ermitteln:
erforderlicher Unterdruck, Abluftvolumenstrom, Schadstoffkonzentration in der Abluft.

*Grundwasserförderung:*
Im Zuge eines Pumpversuches können u. a. ermittelt werden:
Förderrate, Schadstoffkonzentration im geförderten Grundwasser, Aquiferkenndaten für die Erstellung eines hydraulischen Grundwassermodells zur Optimierung der einzurichtenden Brunnen.

*Bodenreinigung:*
Durch Waschversuche oder Versuche zur biologischen Abbaubarkeit können u. a. festgestellt werden:
Reinigungsleistung, Schadstoffrestgehalt im gereinigten Boden, Abbaubarkeit der Schadstoffe, Reststoffmenge.

## 3. Spezifikation der Leistungen

In der Ausschreibung ist das im Sanierungskonzept festgelegte und im Genehmigungsantrag beschriebene Sanierungsverfahren zu spezifizieren. Hierbei sind anbieterspezifische Unterschiede zu berücksichtigen. Dazu ist es erforderlich, die jeweiligen Eigenheiten der Sanierungsverfahren der unterschiedlichen Anbieter zu kennen, um nicht durch die Festlegung bestimmter Details einige Anbieter von vornherein von der Angebotsabgabe auszuschließen. Insbesondere bei öffentlichen Ausschreibungen könnte dies zum Vorwurf der Wettbewerbsbeschränkung führen.

Bei der Spezifizierung der zu erbringenden Leistungen ist jedoch darauf zu achten, daß die geforderte Leistung so exakt beschrieben wird, daß die Angebote direkt miteinander vergleichbar sind.

An 2 Beispielen wird dies deutlich:

1. Biologische Bodenreinigung im Mietenverfahren:
   Die Festlegung der Art des zuzugebenden organischen Auflockerungsmittels z. B. Rindenmulch-Stroh-Gemisch hätte zur Folge, daß Anbieter, die Kompost als organischen Zuschlagsstoff verwenden, die Sanierung nicht oder nur in Form eines Änderungsvorschlages unterbreiten können.
2. Abluftreinigung einer Bodenluftabsaugung mittels Aktivkohleregenerieranlage:
   Wird bei der Beschreibung des Verfahrens die Luftführung bei der Regenerierung, Kühlung und Trocknung der Aktivkohleadsorber nicht exakt festgehalten, können erhebliche Preisunterschiede durch die Realisierung oder Nichtrealisierung der Reinigung von Kühlungs- und Trocknungsluft auftreten. Damit wären die Angebote nicht mehr vergleichbar.

## Leistungsausschreibung oder Technikausschreibung

Die notwendigen Sanierungsmaßnahmen oder Sanierungseinrichtungen können einerseits in ihrer Leistung beschrieben und andererseits in der ihrer technischen Ausgestaltung spezifiziert werden. Beide Vorgehensweisen sind mit Vor- und Nachteilen verbunden.

Bei der reinen *Leistungsausschreibung* wird lediglich die gewünschte Leistung beschrieben, ohne daß näher auf die Art und Weise, wie diese Leistung zu erbringen ist, eingegangen wird. Am Beispiel einer Grundwasserreinigung soll dies erläutert werden:

Es ist ein Grundwasser von leichtflüchtigen halogenierten Kohlenwasserstoffen (LHKW) zu befreien. Hierzu werden die Schadstoffgehalte, beispielsweise die Konzentration an Tetrachlorethen im zu reinigenden Grundwasser, der Förderstrom sowie die wasserchemischen Parameter wie pH-Wert, Härte, Eisengehalt u. a. angegeben. Ferner wird die maximal zulässige Schadstoffkonzentration im gereinigten Wasser vorgegeben. Weitere Vorgaben werden nicht gemacht. Den Bietern ist somit freigestellt, ob sie die Wasserreinigung durch Desorption (Strippen), durch Adsorption beispielsweise an Aktivkohle, durch Oxidation ggf. unter Einwirkung von UV-Licht oder durch andere geeignete Verfahren anbieten.

Diese Vorgehensweise bietet den Vorteil, daß die unterschiedlichen Techniken, die zur Durchführung der Grundwasserreinigung möglich sind, von jedem Bieter geprüft und die ihm am günstigsten erscheinende Technik angeboten wird. Damit wird der technische Sachverstand bei den Bietern weitestgehend genutzt. Für das ausschreibende Unternehmen bietet dies weiterhin den Vorteil, daß die Detailplanung und das technische Risiko der Verfahrensfestlegung auf den Anlagenlieferanten verlagert wird.

Problematisch bei der reinen Leistungsausschreibung ist jedoch der Vergleich der eingehenden Angebote. So können die einmaligen Kosten für eine Technik, im obigen Beispiel für die Aktivkohleadsorption, sehr gering sein, jedoch durch fortwährende hohe Betriebskosten, hier verursacht durch ständige Aktivkohlewechsel, sehr viel höher sein als beispielsweise bei der Desorption. Dies hat zur Folge, daß die eingehenden Angebote mitunter nicht vergleichbar sind und damit keine eindeutige Empfehlung für die Vergabe ausgesprochen werden kann.

In der *Technikausschreibung* werden dagegen die einzusetzenden Anlagen und Techniken möglichst exakt festgehalten. Im gewählten Beispiel der Grundwasserreinigung kann dies beispielsweise für eine Desorption wie folgt aussehen:

Zweistufige Desorptionanlage bestehend aus:

- Desorptionsbehälter aus Polyethylen in stehender zylindrischer Bauweise, mit allen erforderlichen Stutzen für Frischluft, Abluft, Wasserzu- und Wasserablauf, Probenahme, Niveausteuerung und Reinigungsöffnungen.

  | | |
  |---|---|
  | Anzahl: | 2 St., |
  | Werkstoff: | PEHD, |
  | Durchmesser: | 800 mm, |
  | Höhe gesamt: | 4 000 mm, |
  | Höhe Füllkörper: | 2 500 mm. |

- Verschmutzungsunanfällige Desorbereinbauten einschließlich Füllkörper aus Polypropylen.
- Düsenstock mit Vollkegeldüsen für jede Stufe.
- Tropfenabscheider mit Abscheidegrad, mindestens 99,9 % für jede Stufe.
- Komplette interne Verrohrung mit Manometer, Absperrventil zwischen Behälter und Düsen, für jede Stufe inklusive Probenahmehähne.
  Probenahmestellen:
  - Zulauf erster Desorber,
  - Zulauf zweiter Desorber,
  - Ablauf zweiter Desorber,
  - usw.

Diese exakte Beschreibung bietet die Gewähr, daß die eingehenden Angebote exakt vergleichbar sind. Andererseits wird jedoch möglichen Unterschieden in den Bauausführungen der einzelnen Bieter kein Raum gelassen. So kann mitunter ein günstiger Bieter kein Angebot unterbreiten, nur weil die Vorgaben hinsichtlich der Baugröße wie Durchmesser und Höhe nicht in seinen Baureihen realisierbar sind. Ferner ist diese Vorgehensweise mit dem Nachteil verbunden, daß der Bieter praktisch vollständig aus der Verantwortung hinsichtlich der Leistungsgewährleistung entlassen wird.

Daraus ergibt sich die Notwendigkeit einer Kombination aus Leistungsausschreibung unter Einbeziehung des Know-hows der Bieter und einer Technikausschreibung unter Berücksichtigung der örtlichen Randbedingungen. Wie exakt dabei die Technik zu beschreiben ist, ist in jedem Einzelfall zu prüfen.

## Detailtiefe

Insbesondere bei der Spezifikation der technischen Einrichtungen ist eine exakte Beschreibung der Details mitunter erforderlich. Eine reine Aufzählung der Anlagenteile ist häufig nicht ausreichend, da die Qualität und die dauerhafte Funktionstüchtigkeit z. B. auch von den Werkstoffen oder den Abmessungen mit bestimmt wird. In obigem Beispiel wäre die bloße Auflistung der Einzelbauteile Desorptionsanlage, bestehend aus

- Desorptionsbehälter,
- Desorbereinbauten,
- Wasserverteileinrichtung,
- Tropfenabscheider,
- Verrohrung,
- usw.

nicht ausreichend, um vergleichbare Angebote zu erhalten.

Die Vorgabe von Ausführungsdetails für die Realisierung an einem bestimmten Standort ist jedoch mitunter unumgänglich. Im obigen Beispiel könnte dies die Vorgabe der maximalen Bauhöhe für die Desorptionsbehälter sein, um die Aufstellung in einer vorhandenen Halle zu ermöglichen.

Daraus ergibt sich die Feststellung, daß eine pauschalierte Vorgabe der Detailtiefe nicht sinnvoll ist, sondern vielmehr die einzelfallspezifische Abwägung der Beschreibungstiefe zu empfehlen ist.

## Graphische Darstellungen

Zur exakten Darlegung der gewünschten technischen Ausstattung ist es insbesondere bei technischen Einrichtungen sinnvoll, ein Verfahrensfließbild (Abb. 1) gemäß DIN 28004 der Leistungsbeschreibung beizufügen. Dieses sollte auch Angaben zur Meß-, Steuer- und Regeltechnik gemäß DIN 19227 enthalten.

Weiterhin sind mitunter Lagepläne, die zeichnerische Darstellung von Örtlichkeiten, Rohrleitungspläne u. a. m. erforderlich, um dem Bieter die Möglichkeit zur exakten Kalkulation zu eröffnen. In der Regel gilt: Je exakter die Randbedingungen dargelegt werden, desto exakter sind die Angebote kalkulierbar und damit auch vergleichbar.

## Hauptpositionen und Alternativen

Ist die endgültige Festlegung, welche mögliche Variante einer Leistung zu erbringen ist, nicht möglich, empfiehlt sich die wahrscheinlichste Ausführung als Hauptposition aufzuführen und die möglichen Varianten in Form von Alternativpositionen anzufragen.

Dies kann z. B. bei der Ausschreibung einer Bodenluftabsauganlage erforderlich werden, wenn der notwendige Unterdruck nicht feststeht. Der z. B. wahrscheinliche Seitenkanalverdichter mit geringem Unterdruck kann als Hauptposition und die möglicherweise erforderliche Vakuumpumpe als Alter-

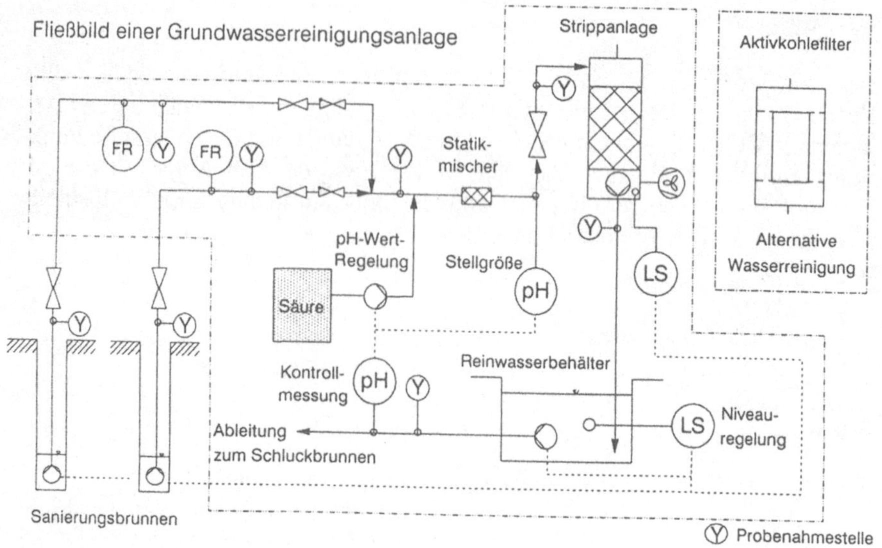


**Abb. 1.** Verfahrensfließbild und MSR-Technik

nativposition ausgeschrieben werden. Damit ist die Gefahr von unangemessenen Nachträgen bei Änderungen im Zuge der Leistungserbringung zu reduzieren.

Für den Fall der nicht exakt festzulegenden Mengen der zu erbringenden Leistungen empfiehlt sich die Anfrage von Mehr- oder Minderpreisen bei Mengenänderungen. So ist z. B. beim Planen einer Rohrleitungstraße nicht immer die letztlich zu realisierende Rohrleitungsführung festzulegen. Die bei der Realisierung festgestellte tatsächliche Rohrleitungslänge und Armaturenanzahl kann von der Planung durchaus abweichen. Für diese eventuellen Mehr- oder Mindermengen sind entsprechende Mehr- oder Minderpreise in Form von Eventualpositionen anzufragen.

Bei ortsfesten Sanierungsanlagen z.B. zur kombinierten Bodenluft- und Grundwasserreinigung ist nicht immer von vornherein abzusehen, ob die erforderlichen Anlagen käuflich erworben oder nur angemietet werden sollen. Durch günstige Mietkonditionen kann selbst bei mehrjährigem Einsatz einer Anlage die Miete die günstigere Alternative darstellen. Im Zweifelsfalle ist z.B. der Kauf der Anlagen als Hauptposition anzufragen und die Miete als Alternativposition. Dabei ist neben der exakten Festlegung der im Mietpreis enthaltenen Leistungen die exakte Definition der erforderlichen Wartung unerläßlich; dies vor dem Hintergrund, daß je nach Anbieter die Wartung der Anlagen im Mietpreis enthalten ist oder nicht. Für einen objektiven Vergleich zwischen Kauf und Miete ist die separate Ausweisung eines exakt festgelegten Wartungsumfanges von großem Vorteil.

Die Aufschlüsselung in Haupt-, Alternativ- und Eventualpositionen darf aber nicht dazu führen, daß nach Vorlage der Angebote die Auswahl der günstigsten Leistung unmöglich wird. Bereits bei der Aufstellung der einzelnen Positionen sollte daher das Auswahlverfahren für die zu realisierende Leistung feststehen.

## 4. Bodenbehandlung und Aushubentsorgung

Da im Zuge der Erkundung von Altlasten die Masse an ggf. zu entsorgendem kontaminiertem Boden für eine Ausschreibung zumeist nicht exakt genug ermittelt wird, ist dies im Zuge der Planungen zur Sanierungsausschreibung ggf. nachzuholen.

Häufig liegen auch die Entsorgungswege zum Zeitpunkt der Sanierungsausschreibung noch nicht fest, sondern sollen im Zuge der Ausschreibung erst gefunden werden. Da die Möglichkeiten der Entsorgung bzw. der Behandlung von kontaminiertem Boden je nach Entsorger sehr unterschiedlich sein können, ist die Spezifizierung der Aushubentsorgung problematisch.

Die Festlegung bestimmter Vorgaben hinischtlich der Schadstoffgehalte oder der Bodenkonsistenz dürfen nicht so weit gehen, daß bestimmte Entsorgungswege ausgeschlossen sind. Andererseits sind aber genügend Vorgaben und Informationen, insbesondere zum Schadstoffgehalt, als Kalkulationsgrundlage für den Bieter erforderlich.

Grundsätzlich stellt sich weiterhin das Problem der Feststellung von Garantiewerten für die Entsorgung. Eine verbindliche Vorgabe z.B. nach den Deponierichtlinien des Landes Nordrhein-Westfalen ist nicht immer günstig. Auch ist die Problematik der möglichen Preisstaffelung in Abhängigkeit der Schadstoffkonzentrationen schwer in Positionen zu fassen, da die Grenzkonzentrationen für die höhere oder die niedrigere Preisstufe durchaus von Bieter zu Bieter variieren können.

Da im Zuge der Entsorgung von kontaminiertem Boden Deklarationsanalysen vorgeschrieben sind, die vorteilhafterweise von dem bereits involvierten Gutachter und Planer durchgeführt werden, ist als Kalkulationsgrundlage für die Bieter natürlich der Umfang der vorgesehenen Kontrollen und Analysen bereits im Angebotsstadium von Bedeutung. Dies bedeutet, daß bereits bei der Ausschreibung der Aushubentsorgung einerseits umfangreiche Festlegungen zu treffen sind und andererseits genügend Freiraum für die Unterschiede der Möglichkeiten der Entsorgung offengehalten werden müssen.

Werden die Freiräume für Garantiewerte seitens der Bieter zu weit gesteckt, kann die Vergleichbarkeit der Angebote sehr stark eingeschränkt oder der Vergleich ganz unmöglich werden.

Bei der Bodenbehandlung z.B. in einem Bodenreinigungszentrum sind die einzukalkulierenden Kosten nach Möglichkeit schon bei der Ausschreibung festzulegen. So ist häufig von entscheidender Bedeutung, wie der gereinigte Boden verwertet oder entsorgt wird und welche Grenzwete dabei einzuhalten sind. Die Verwertungskosten können mitunter den Behandlungspreis überschreiten und somit das gesamte Behandlungsverfahren in Frage stellen.

## 5. Schlußbemerkung

Die aufgezeigte Auswahl an Problempunkten zeigt, daß die exakte Planung von Altlastensanierungen unerläßlich ist, und belegt, daß die Aufgabe der Sanierungsausschreibung nur mit weitreichenden Kenntnissen hinsichtlich der Sanierungstechniken und dem Markt der Sanierungsanbieter zu bewältigen ist. Ferner geht hervor, daß die Ausschreibungsunterlagen zu Altlastensanierungen mitunter eine Vielzahl von Alternativ- und Eventualpositionen enthalten können und sich entsprechend der Bieterangaben auch in einzelnen Positionen hinsichtlich des Leistungsumfanges durchaus unterscheiden können. Daher ist ein einfacher Vergleich der Gesamtangebotssumme mitunter nicht aussagekräftig genug, um eine Vergabeempfehlung auszusprechen. Die durch den Bieter gemachten Angaben sind daher bei der Entscheidung mit heranzuziehen.

Aufgrund zahleicher bereits durchgeführter Sanierungsausschreibungen verfügt die HPC Harress Pickel Consult GmbH (HPC) über umfangreiche Erfahrung und geeignete Hilfsmittel zur zügigen Aufstellung der Ausschreibungsunterlagen und der Wertung der Angebote.

## Anhang:

### Beispielhafte Ausschreibungstexte

HPC HARRESS PICKEL CONSULT GMBH
Marktplatz 1, 86655 Harburg, Tel.: 09003 / 999–0

Bauherr:
Bauort: **Beispielhafte Ausschreibungstexte**
Bauvorhaben:

LEISTUNGSVERZEICHNIS

| Pos. | Menge Einh. | Gegenstand | Einheitspreis | Gesamtpreis |
|---|---|---|---|---|
| 1. | 2 St. | Unterwasserpumpe<br>in Sonderausführung zur Förderung<br>von Grundwasser.<br>Pumpe aus Edelstahl V4A, einschl.<br>Zusammenbau, Drehstrom–Kurzschluß–<br>motor; der Motor eingerichtet für<br>Direktanlauf.<br>Pumpe ausgelegt für<br>folgende Betriebsverhältnisse:<br>Förderleistung: ....... m3/h<br>Manom. Gesamt–<br>förderhöhe: ....... mWS<br>Steigrohranschluß: DN ....<br>Betriebsspannung: 380 V<br>Betriebsfrequenz: 50 Hz<br>Nennleistung: ....... kW<br>Max. Außendurchmesser ... mm<br><br>Zubehör:<br>–Rückschlagventil,<br>–Anschlußkabel,<br>–Trockenlaufschutz für die Pumpe,<br>–Wasserspiegelmeßeinrichtung zur Steuerung der Absenkung mit min./max.–Kontakt,<br>–Sämtliche Steuerelemente für die Feuchtrauminstallation,<br>–Steckverbindungen,<br>–Befestigungen,<br>–Abfangschellen für die Steigleitung aus verzinktem Werkstoff zum Aufsetzen auf das Aufsatzrohr,<br>–V2A–Seil einschl. Befestigung zum Abfangen der Pumpe, | DM ________ | DM ________ |

Ausschreibung:

Seite: 1

HPC HARRESS PICKEL CONSULT GMBH
Marktplatz 1, 86655 Harburg, Tel.: 09003 / 999-0

Bauherr:
Bauort: **Beispielhafte Ausschreibungstexte**
Bauvorhaben:

**LEISTUNGSVERZEICHNIS**

| Pos. | Menge Einh. | Gegenstand | Einheitspreis | Gesamtpreis |
|---|---|---|---|---|
| | | **Physikalische Abwasserparameter**<br>Trübung keine<br>pH-Wert 7,0<br>Leitfähigkeit 890 μS/cm<br>Temperatur 9 °C<br><br>**Chemische Abwasserparameter**<br>Karbonathärte 15 ° dH<br>Gesamthärte 19 ° dH<br>Eisengehalt < 0,1 mg/l<br>Mangangehalt < 0,1 mg/l<br><br>**Wasserschadstoffe**<br>Hauptschadstoffkomponenten Anfangskonzentrationen<br>Tetrachlorethen ca. 10 000 μg/l<br>1,2-Dichlorethen CIS ca. 2 000 μg/l<br>Trichlorethen ca. 500 μg/l<br>Vinylchlorid ca. 30 μg/l<br><br>**Hauptschadstoffkomponenten: erwartete Massenanteile**<br>Tetrachlorethen ca. 83 %<br>1,2-Dichlorethen CIS ca. 16 %<br>Trichlorethen ca. 1 %<br>Vinylchlorid << 0,1 %<br><br>**Grenzwerte:**<br>gereinigte Abluft 20 mg/m3 Summe LHKW<br>3 mg/m3 Vinylchlorid<br>gereinigtes Wasser 50 μg/l Summe LHKW<br>5 μg/l Vinylchlorid | | |
| 1. | 1 St. | Verkauf, Liefern, Montage und Inbetriebnahme einer kompletten Abwasserreinigungsanlage zur Reinigung des oben beschriebenen Grundwassers auf die genannten Grenzwerte einschl. Einweisung des örtlichen Betriebspersonals | DM ________ | DM ________ |

Ausschreibung: Seite: 1

HPC HARRESS PICKEL CONSULT GMBH
Marktplatz 1, 86655 Harburg, Tel.: 09003 / 999–0

Bauherr:
Bauort: **Beispielhafte Ausschreibungstexte**
Bauvorhaben:

LEISTUNGSVERZEICHNIS

| Pos. | Menge Einh. | Gegenstand | Einheitspreis | Gesamtpreis |
|---|---|---|---|---|
| 2. | 1 St. | Zweistufige Desorptionsanlage bestehend aus: | | |
| | – | Desorptionsbehälter aus Polyethylen in frostsicherer, stehender zylindrischer Bauweise, ggf. in transportfähige Stücke zerlegbar, mit allen erforderlichen Stutzen für Frischluft, Abluft, Wasserzu– und Wasserablauf, Probenahme, Niveausteuerung und Reinigungsöffnungen für den gesamten Wasservolumenstrom.<br>Anzahl : 2 St.<br>Werkstoff: PEHD<br>Durchmesser: ....... mm<br>Höhe Gesamt: ....... mm<br>Höhe Füllkörper: ....... mm | | |
| | – | Verschmutzungsunanfällige Desorbereinbauten einschließlich Füllkörper aus geeignetem Werkstoff.<br>Werkstoff ....... | | |
| | – | Düsenstock mit Vollkegeldüsen für jede Stufe oder andere Wasserverteileinrichtung mit vergleichbarer Verteilungseffizienz | | |
| | – | Tropfenabscheider mit Abscheidegrad mind. 99,9 % für jede Stufe | | |
| | – | Komplette interne Verohrung mit Manometer, Absperrventil zwischen Behälter und Düsen, für jede Stufe incl. Probenahmehähne.<br>Probenahmestellen:<br>Zulauf erster Desorber<br>Zulauf zweiter Desorber<br>Ablauf zweiter Desorber | | |
| | – | Sofern erforderlich Zwischenförderpumpe zur Förderung des Wassers aus dem ersten Behälter der Desorptionsanlage in den zweiten Behälter. Komplett verrohrt mit den Desorptionsbehältern.<br>Förderleistung ....... m3/h<br>Gesamtförderhöhe ....... m<br>Elektr. Leistung ....... kW | | |
| | – | u. a. m. | | |

HPC HARRESS PICKEL CONSULT GMBH
Marktplatz 1, 86655 Harburg, Tel.: 09003 / 999–0

Bauherr:
Bauort: **Beispielhafte Ausschreibungstexte**
Bauvorhaben:

**LEISTUNGSVERZEICHNIS**

| Pos. | Menge Einh. | Gegenstand | Einheitspreis | Gesamtpreis |
|---|---|---|---|---|
| 3.1. | 1 St. | Bei Miete: Liefern, Montage und Inbetriebnahme der gesamten Abwasserreinigungsanlage gemäß zuvor genannter Beschreibung. Einmalige Kosten! einschl. Einweisung des örtlichen Betriebs-–personals.<br>Auslegungsvolumen: **60** m³/h<br>Einweisungsdauer: 2 Tage | DM ________ | DM ________ |
| | | * Alternativposition * | | |
| 3.2. | 1 St. | Bei Miete: Liefern, Montage wie vor, jedoch<br>Auslegungsvolumen: **120** m³/h | DM ________ | EP |
| 3.3. | 1 St. | Bei Miete: Demontage und Abtransport der gesamten Abwasserreinigungsanlage gemäß zuvor genannter Beschreibung.<br>Auslegungsvolumen: **60** m³/h<br>Einmalige Kosten! | DM ________ | DM ________ |
| | | * Alternativposition * | | |
| 3.4. | 1 St. | Bei Miete: Demontage wie vor, jedoch<br>Auslegungsvolumen: **120** m³/h | DM ________ | EP |
| 3.5. | 24 Mon. | Miete: Vorhalten und Betreiben der gesamten Abwasserreinigungsanlage gemäß zuvor genannter Beschreibung ohne Betriebsmittel wie elektr. Strom, Wasser, Dampf, Primärenergie–träger etc. sowie ohne Betriebspersonal.<br>Auslegungsvolumen: **60** m³/h<br>Vorgesehene Mietdauer ca. 24 Monate | DM ________ | DM ________ |
| | | * Alternativposition * | | |
| 3.6. | 24 Mon. | Miete: Vorhalten und Betreiben wie vor, jedoch<br>Auslegungsvolumen: **120** m³/h | DM ________ | EP |

Ausschreibung Seite: 3

HPC HARRESS PICKEL CONSULT GMBH
Marktplatz 1, 86655 Harburg, Tel.: 09003 / 999-0

Bauherr:
Bauort: **Beispielhafte Ausschreibungstexte**
Bauvorhaben:

**LEISTUNGSVERZEICHNIS**

| Pos. | Menge Einh. | Gegenstand | Einheitspreis | Gesamtpreis |
|---|---|---|---|---|
| 4. | | Schadstoffhöchstgrenzen für die Bodenreinigung: Hier sind Grenzwerte anzuführen, die aus technischer, genehmigungsrechtlicher, transportrechtlicher, Einfuhr- bzw. ausfuhrrechtlicher oder in anderere Weise die Annahme des Bodenmaterials begrenzen. | | |

| Parameter | Originalgehalte | Eluatwerte |
|---|---|---|
| pH-Wert | | ....... |
| Leitfähigkeit | | ....... mS/cm |
| CSB | | ....... mg O2/l |
| Antimon | ....... mg/kg | ....... µg/l |
| Arsen | ....... mg/kg | ....... µg/l |
| Barium | ....... mg/kg | ....... µg/l |
| Beryllium | ....... mg/kg | ....... µg/l |
| Blei | ....... mg/kg | ....... µg/l |
| Bor | ....... mg/kg | ....... µg/l |
| Cadmium | ....... mg/kg | ....... µg/l |
| Chrom ges. | ....... mg/kg | ....... µg/l |
| Chrom VI | ....... mg/kg | ....... µg/l |
| Cobalt | ....... mg/kg | ....... µg/l |
| Eisen | ....... mg/kg | ....... µg/l |
| Kupfer | ....... mg/kg | ....... µg/l |
| Mangan | ....... mg/kg | ....... µg/l |
| Molybdän | ....... mg/kg | ....... µg/l |
| Nickel | ....... mg/kg | ....... µg/l |
| Quecksilber | ....... mg/kg | ....... µg/l |
| Selen | ....... mg/kg | ....... µg/l |
| Silber | ....... mg/kg | ....... µg/l |
| Thallium | ....... mg/kg | ....... µg/l |
| Vanadium | ....... mg/kg | ....... µg/l |
| Zink | ....... mg/kg | ....... µg/l |
| Zinn | ....... mg/kg | ....... µg/l |
| Cyanide (leicht lösl.) | ....... mg/kg | ....... µg/l |
| Cyanide ges. | ....... mg/kg | ....... µg/l |
| Sulfat | ....... mg/kg | ....... µg/l |
| Fluoride | ....... mg/kg | ....... µg/l |
| Chloride | ....... mg/kg | ....... µg/l |
| Bromide | ....... mg/kg | ....... µg/l |
| Nitrat | ....... mg/kg | ....... µg/l |

u. a. m.

# Ansätze einer Honorarregelung gemäß HOAI auf Grundlage des ITVA-Entwurfes, der VDI-Stellungnahme und der Arbeitshilfen Altlasten der Bergischen Universität Wuppertal

Erich Bayerl

1. Seit nunmehr über einem Jahr werden von den Finanzbauverwaltungen der Länder viel hundertfach auf Liegenschaften des Bundes – hier sind insbesondere zu benennen:

- die WGT-Liegenschaften in den 5 neuen Bundesländern,
- die NVA-Liegenschaften in den 5 neuen Bundesländern,
- die in den alten Bundesländern von den Gaststreitkräften freigezogenenen ehemals militärisch genutzten Liegenschaften –

auf der Grundlage der oben genannten baufachlichen Richtlinien im Auftrag des Bundesministeriums für Raumordnung, Bauwesen und Städtebau (hier liegt die Verantwortung in meinem Beitrag) und der Verteidigung (zuständig für die NVA-Liegenschaften) Untersuchungen und Sicherungen bzw. Sanierungen durchgeführt. Hierbei bedient sich die Finanzbauverwaltung der Länder der Fachkenntnis und Arbeitskapazität vieler Ingenieurbüros. Der Beitrag von Weth hat dies deutlich zum Ausdruck gebracht.

Auf dem noch relativ neuen Gebiet der Untersuchung-, Planung und Durchführung der Sicherung und Sanierung belasteter Böden bestehen noch erhebliche Schwierigkeiten; dabei geht es um

- den Umfang der Phase-I-Ermittlung (erprobungsfreie historische Erkundung),
- die ingenieurmäßige Bewertung der Ergebnisse aus Phase I,
- den Umfang der Untersuchungen und Analysen der Phase II a und II b,
- die Gefährdungspfade und Gefährdungspotentiale an zu schützenden Gütern,
- eine Gefährdungsabschätzung,
- die angestrebten Sanierungs-/Sicherungsziele,
- die Sicherungs- und Sanierungsverfahren.

Gewisse Probleme bei der Fassung von Ingenieurverträgen, Probleme in bezug auf Art und Umfang von Ingenieurleistungen (qualitativ und quantitativ) sowie die Findung angemessener Honorare sind verständlich.

2. Die Bergische Universität GH Wuppertal, Fachbereich Bautechnik, hat von der Deutschen Forschungsgemeinschaft unter der Projekt-Nr. Di 428/31 gefördert „Arbeitshilfen zur Beauftragung von Planern, Gutachtern und Firmen

mit der Sanierung von Altasten" erarbeitet. Diese unter der Leitung von Univ.-Prof. Dr.-Ing. C. J. Diederichs und Dipl.-Ing. Gerhard Rüller erarbeiteten Hilfen sind Ende 1992 im DVP-Verlag, Pauluskirchstr. 7, Wuppertal, unter der ISBN 3-925734-15-5 erschienen.

3. Daneben bemühen sich der VDI und der ITVA (Ingenieurtechnischer Verband Altlasten) um Ansätze einer eigenständigen differenzierenden Regelung in der HOAI (Honorarordnung für Architekten und Ingenieure).

Angedacht sind hierbei 4 Anwendungsbereiche:

a) die Erstbewertung kontaminierter und kontaminationsverdächtiger Standorte sowie betroffener Umweltbereiche, die auf einer beprobungslosen Untersuchung (Erfassung der potentiellen Emissionsquellen aus der früheren und heutigen Nutzung sowie der historischen Entwicklung) beruht;
b) die technische Erkundung und fachliche Beurteilung kontaminierter und kontaminationsverdächtiger Standorte, die aus einer orientierenden Erkundung oder einer Detailerkundung eines Schadstoffverdachtes im Boden, in der Bodenluft und im Wasser sowie einer Risikoabschätzung bestehen;
c) die Erarbeitung von Sanierungskonzeptionen für kontaminierte Standorte;
d) die Planung und Überwachung der Sanierung kontaminierter Standorte.

## Phase I

Differenziert werden soll bei der erprobungslosen Erfassung (Phase I) in Honorarzone I (sehr geringer Erfassungsaufwand) bis V (sehr hoher Erfassungsaufwand).

Als Bewertungsmerkmale sollen dabei
für Altablagerungen

- das Ende des Einlagerungszeitraums,
- die Dauer der Einlagerung,
- das geologische und hydrogeologische Umfeld,
- die Art der Einlagerungen (Hausmüll, Industriemüll, etc.),
- das Volumen;

für Altstandorte,

- der Beginn des für den Altstandort relevanten Nutzungszeitraumes,
- das geologische und hydrogeologische Umfeld,
- die Anzahl der Eigentümerwechsel/Eigentümer,
- die Anzahl der Branchenwechsel/Branchen,
- die Art der Branchen,
- die Flächen

über ein sehr detailliertes Punktebewertungssystem zu Honorartafeln führen.

Die Bewertung der Grundleistungen in v. H. der Honorare ist auch in Anlehnung an die bestehende HOAI in 6 Leistungsbereiche gegliedert:

1. Klären der Aufgabenstellung,
2. Ortsbesichtigung,

3. Beschaffung und Sichtung von Unterlagen und Karten aus behördlichen und öffentlichen Archiven,
4. Luftbildauswertung,
5. Auswertung, Bewertung und Dokumentation in einem Auswertebericht
6. Erstbewertung.

Neben diesen Grundleistungen sollen als besondere Leistungen (besonderes Honorar) Punkte wie

- Prüfung und Korrektur von vorhandenem Karten- und anderem Datenmaterial,
- Beschaffung von Einverständniserklärungen,
- zur Verfügungstellen von Unterlagen aus eigenem Archiv,
- Auswertung von Spezialkarten ( z. B. Sielleitungspläne, geophysikalische Karten, Kriegsschadenskarten),
- Befragen von Anwohnern, Zeitzeugen und/oder Betriebsangehöriger,
- Berücksichtigung zusätzlicher Ämter, Archive oder behördlicher Institutionen,
- stereoskopische Vermessung,
- Auswertung von Kriegsschadensluftbildern im Hinblick auf Zeitpunkt und Grad der Zerstörung von Anlagen und Gebäuden,
- Erstellung von Zwischenberichten,
- Recherche historischer Produktionsverfahren,
- Recherche historischer Firmenchroniken,
- Erstellung von geologischen Schnitten und Grundwassergleichenplänen,
- Ermittlung und Lieferung von Daten über nahegelegene Altstandorte oder andere Altablagerungen,
- Auswertung bisheriger Überwachungs-/Untersuchungs-/Sanierungsmaßnahmen und Bewertung,
- Risikoabschätzung bei akutem Schadensverdacht mit sofortigem Handlungsbedarf,
- Ausarbeitung des weiteren Handlungsbedarfs zur sofortigen Gefahrenabwehr,

aufgeführt werden.

Je nach angenommenen Volumina bzw. Flächen wären für die einzelnen Honorarzonen differenziert in Honorartafeln einzelne Honorare anzugeben.

Der in der vorgestellten Art angedachte Ansatz zur Findung angemessener Honorare für Ingenieurleistungen hat m. E. einige grundsätzliche und systematische Schwächen. Neben der noch nicht geklärten Frage, ob bei einer Regelanwendung sich ein angemessenes Honorar ermitteln ließe, sind dies insbesondere:

- Der Aufwand einer historischen Erkundung korreliert nicht mit dem Umfang einer im Verdacht stehenden Bodenverunreinigung.
- Der Aufwand einer historischen Erkundung korreliert nicht mit der Art einer möglichen Bodenverunreinigung.
- Zur richtigen Vertragsabfassung müßten schon wesentliche Erkenntnisse aus der Vertragserfüllung vorliegen (Henne-Ei-Problem).

- Die Regelungen sind in ihren Differenzierungen so kompliziert, daß nur mit vertieftem Sachverstand eine falsche Handhabung auszuschließen wäre.

### Phase II

Für die Phase II ist eine ähnlich aufgebaute Differenzierung der Bewertungsmerkmale vorgesehen.

Für die zu bewertenden
- geologischen und hydrogeologischen Umfeldbedingungen,
- Medien,
- chemischen Zusammensetzungen der Schadstoffbelastung

sollen in Honorarzonen
- Honorarzone I: sehr geringer Untersuchungsaufwand,
- Honorarzone II: geringer Untersuchungsaufwand,
- Honorarzone III: durchschnittlicher Untersuchungsaufwand,
- Honorarzone IV: überdurchschnittlicher Untersuchungsaufwand,
- Honorarzone V: sehr hoher Untersuchungsaufwand

kombiniert mit Bewertungkriterien:
- geologisches und hydrogeologisches Umfeld:
  - sehr einfach,
  - einfach,
  - durchschnittlich,
  - kompliziert,
  - sehr kompliziert;
- Anzahl der zu bewertenden Medien:
  - 1 Medium,
  - 2 Medien,
  - 3 Medien,
  - 4 Medien,
  - mehr als 4 Medien;
- chemische Zusammensetzung der Schadstoffe:
  - einfach (wenige Stoffgruppen),
  - durchschnittlich,
  - kompliziert (viele Stoffgruppen),

die durch ein Punktzahlsystem einzubringen sind, die Honorare ermittelt werden.

Die Bewertung der Grundleistungen in v.H. der Honorare ist auch in Anlehnung an die bestehende HOAI in 4 Leistungsbereiche gegliedert:

1. Grundlagenermittlung,
2. Planung,
3. Auswertung und Dokumentation,
4. Risikoabschätzung.

Neben diesen Grundleistungen sollen als besondere Leistungen Punkte wie die folgenden aufgeführt werden:

- Vervollständigung der Unterlagen bzw. Aktualisierung,
- Erstbewertung,
- Sicherung von Beweisen anhand von Fotos, Gipsmarken, Vermessungen, Setzungsmessungen, Vegetationskartierung,
- Einbeziehung der Öffentlichkeit und parlamentarischer Gremien in die Planungsvorbereitung,
- Einrichtung von Arbeitsgruppen,
- Fotos,
- Festlegung der Probenahmestelle nach Gauß-Krüger-Koordinaten,
- Prüfung auf Kampfmittelverdacht,
- geophysikalische Aufschlußarbeiten,
- Erstellung von Unterlagen für öffentliche Ausschreibungen und Mitwirkung bei der Vergabe im Anschluß an öffentliche Ausschreibungen,
- Aufstellung von Untersuchungsmatrizen,
- Erstellung eines Konzeptes für die Datenbehandlung ( z. B. EDV-erfaßte Daten),
- Lagepläne in Tiefenstufen,
- 3-D-Darstellung,
- Balkendiagramme,
- Darstellung der Auswirkungen mittels einer Fallstudie „besten-/schlimmstenfalls“,
- Rechnung von hydraulischen Modellen und Ausbreitungen,
- Aufzeigung von alternativen Entscheidungsmöglichkeiten,
- Abspeicherung von Daten auf vorgefertigten Programmen,
- Öffentlichkeitsarbeit.

Je nach Kosten für den durchzuführenden Aufschluß und die chemischen Analysen wären für die einzelnen Honorarzonen differenziert in Honorartafeln einzelne Honorare anzugeben. Hierzu ist zu bemerken:

- Die Ingenieurleistung korreliert nicht mit den Kosten von Probenahme und Analyse. Neben z. Z. überwiegend durchgeführten Summenschadstoffanalysen für den Regelfall werden, und dies künftig verstärkt, differenzierende Einzelverbindungsanalysen, z. B. die Eluatanalyse, durchgeführt. Die einzelnen Probenahmen und Analysen stehen mit ihren teils sehr unterschiedlichen Kosten nicht in unmittelbarem Zusammenhang mit den vorlaufenden und begleitenden Ingenieurleistungen.
- Eine Anbindung der Ingenieurhonorare an die Zahl und Kosten von Analysen führt tendenziell zu Empfehlungen bzw. Entscheidungen der Ingenieure, hinsichtlich des Untersuchungsaufwandes eher ein Mehr vorzusehen.
- Die Regelung bietet für das in der Regel erforderliche „Schritt-nach-Schritt-Verfahren“(nach geringer Anzahl von Probenahme und Analyse und Auswertung, Ausdehnung und/oder Verfeinerung des Untersuchungsrasters; häufig mehrstufiges Entscheidungsverfahren) nicht den angemessenen Spielraum.

- Auswertung und Dokumentation sind keine eigenständige Leistung, sie sind Untermengen der Gefährdungsabschätzung (hier Risikoabschätzung genannt).

## Phase III

Für die Phase III (nach Entwurf Anwendungsbereich 3 und 4 getrennt zu betrachten) ist eine ähnlich aufgebaute Differenzierung der Bewertungsmerkmale vorgesehen.

### Anwendungsbereich 3

Für die zu bewertenden
- geologischen, hydrogeologischen und bodenmechanischen Gegebenheiten,
- ermittelten Gefährdungspotentiale, Art und Menge der Kontaminationen,
- Anforderungen an das Sanierungsziel,
- konstruktiven und technischen Anforderungen an die Sanierungstechnik,
- fachspezifischen Bedingungen

sollen in Honorarzonen:
- Honorarzone I: Maßnahmen mit sehr geringen Anforderungen,
- Honorarzone II: Maßnahmen mit geringen Anforderungen,
- Honorarzone III: Maßnahmen mit durchschnittlichen Anforderungen,
- Honoararzone IV: Maßnahmen mit überdurchschnittlichen Anforderungen,
- Honorarzone V: Maßnahmen mit sehr hohen Anforderungen,

kombiniert mit Bewertungsmerkmalen:
- geologischen, hydrogeologischen und bodenmechanischen Gegebenheiten,
- ermitteltes Gefährdungspotential, Art und Menge der Kontaminationen,
- Anforderungen an das Sanierungsziel,
- konstruktive und technische Anforderungen an die Sanierungstechnik,
- fachspezifische Bedingungen,

die durch ein Punktzahlsystem einzubringen sind, die Honorare ermittelt werden.

Die Bewertung der Grundleistungen in v.H. der Honorare ist auch in Anlehnung an die bestehende HOAI in 5 Leistungsbereiche gegliedert:

1. Grundlagenermittlung,
2. Sanierungskonzepterstellung,
3. Erprobung von Alternativen,
4. Vergleichende Bewertung der Alternativen,
5. Dokumentation und Präsentation.

Neben diesen Grundleistungen sollen als besondere Leistungen Punkte wie die folgenden aufgeführt werden:

- Beschaffung von noch fehlenden Daten,

- Mitwirkung bei der Klärung der Möglichkeiten von Bezuschussungen und Kostenbeteiligungen durch Dritte,
- Ökobilanz.

Je nach geschätzten, berechneten oder frei zu vereinbarenden Kosten einer möglichen Sanierung wären für die einzelnen Honoarzonen differenziert nach Sanierungskosten in Honorartafeln einzelne Honorare anzugeben.

Meine Bemerkungen hierzu stelle ich hinter den folgenden Anwendungsbereich 4, da sie grundsätzlich für beide Anwendungsbereiche gelten.

### Anwendungsbereich 4

Für zu bewertende
- geologischen, hydrogeologischen und bodenmechanischen Gegebenheiten,
- ermittelten Gefährdungspotentiale, Art und Menge der Kontaminationen,
- Anforderungen an das Sanierungsziel,
- konstruktiven und technischen Anforderungen an die Sanierungstechnik,
- fachspezifischen Bedingungen

sollen in Honorarzonen:
- Honorarzone I: Maßnahmen mit sehr geringen Anforderungen,
- Honorarzone II: Maßnahmen mit geringen Anforderungen,
- Honorarzone III: Maßnahmen mit durchschnittlichen Anforderungen,
- Honoararzone IV: Maßnahmen mit überdurchschnittlichen Anforderungen,
- Honorarzone V: Maßnahmen mit sehr hohen Anforderungen,

kombiniert mit Bewertungsmerkmalen:
- geologischen, hydrogeologischen und bodenmechanischen Gegebenheiten,
- ermitteltes Gefährdungspotential, Art und Menge der Kontaminationen,
- Anforderungen an das Sanierungsziel,
- konstruktive und technische Anforderungen an die Sanierungstechnik,
- fachspezifische Bedingungen,
  die durch ein Punktzahlsystem einzubringen sind, die Honorare ermittelt werden.

Die Bewertung der Grundleistungen in v. H. der Honorare ist auch in Anlehnung an die bestehende HOAI in 9 Leistungsbereiche gegliedert.

1. Grundlagenermittlung:
   Ermitteln der Voraussetzungen zur Lösung der Aufgabe durch die Planung.
2. Projektvorbereitung:
   Definition der Sanierungsziele.
3. Entwurfsplanung:
   Erarbeitung der endgültigen Lösung der Planungsaufgabe.
4. Genehmigungsplanung:
   Erarbeiten und Einreichen der Vorlagen für die erforderlichen baurechtlichen und wasserrechtlichen Verfahren sowie für die entsorgungstechnischen Genehmigungen.

5. Ausführungsplanung:
   Erarbeiten und Darstellen der ausführungsreifen Planungslösung.
6. Vorbereitung der Vergabe:
   Ermitteln der Mengen und Aufstellen der Ausschreibungsunterlagen.
7. Mitwirkung bei der Vergabe:
   Einholen und Werten von Angeboten und Mitwirken bei der Auftragsvergabe.
8. Sanierungsoberleitung:
   Aufsicht über die örtliche Sanierungsüberwachung und Übergabe des Projektes.
9. Dokumentation:
   Dokumentation des Gesamtergebnisses.

Neben diesen Grundleistungen sollen als besondere Leistungen Punkte wie die folgenden aufgeführt werden:

- Auswahl und Besichtigung ähnlicher Sanierungen,
- Beschaffung und Auswertung amtlicher Karten,
- Anfertigung von topographischen und hydrogeologischen Karten,
- genaue Betrachtung von Erkundungstechniken,
- Machbarkeitsstudien,
- Grundwassermodellierungen,
- Mitwirkung bei der Beantragung von Fördermitteln,
- Erarbeitung von Finanzierungsplänen,
- Beschaffung von Auszügen aus Grundbuch, Kataster und anderen amtlichen Unterlagen,
- Mitwirkung bei Verwaltungsvereinbarungen,
- Mitwirkung beim Erläutern des vorläufigen Entwurfs gegenüber Bürgern und politischen Gremien,
- Mitwirkung beim Beschaffen der Zustimmung von Betroffenen,
- Mitwirkung bei Genehmigungsverfahren nach BImSchG und AbfG,
- Betreuung von Genehmigungsverfahren nach BImSchG und AbfG,
- Aufstellung von Ablauf- und Netzplänen,
- Prüfung und Wertung von Nebenangeboten und Änderungsvorschlägen mit grundlegend anderen Lösungen im Hinblick auf die technische und funktionelle Durchführbarkeit.

Je nach geschätzten, berechneten oder tatsächlich angefallenen Sanierungskosten wären für die einzelnen Honorarzonen differenziert nach Sanierungskosten in Honorartafeln einzelne Honorare anzugeben.

Hierzu ist zu bemerken:

Der Ansatz, Ingenieurleistungen in ihrer Honorierung an möglichen Sanierungskosten festzumachen, ist falsch und kann zu großen Vor- und Nachteilen sowohl seitens des Auftraggebers wie auch des Auftragnehmers führen.

Ich möchte, ohne auf alle möglichen Varianten einer unangemessenen oder gar falschen Honorarermittlung in einem solchen System einzugehen, nur 2 Extrembeispiele nennen:

1. Bei gemischten Bodenverunreinigungen und zu unterscheidender Auswirkung über eine Liegenschaftsgrenze hinaus und liegenschaftsinterner Wirkung, bei gemischter Liegenschaftsnutzung, kann bei gründlicher Abarbeitung der Anwendungsbereiche 3 und 4
   - differenzierte Behandlung von nur mobilen Schadstoffteilen,
   - hierfür Ermittlung von Gefährdungspfaden und zu schützenden Gütern (intern und extern),
   - Konzepterarbeitung von Nutzungsänderungen (intern und extern),
   - Planung und Ausführung von Teilsicherungen und -sanierungen

   der Aufwand für den Ingenieur sehr groß sein, Sicherungs- bzw. Sanierungskosten können sich jedoch gegen null bewegen.
2. Eine große schädliche Bodenverunreinigung, von der Ursache her genau eingrenzbar in Art und Umfang, läßt ohne aufwendige Untersuchung und Ingenieurleistung nur eine Entsorgung mittels Verbrennung oder Abfuhr auf eine Sondermülldeponie mit erheblichen Kosten zu. Hier wäre nach vorliegendem Entwurf eine Einordnung in Honorarzone V möglich, die Ingenieurleistung minimal und das Honorar exorbitant.

Alle Schattierungen einer falschen Honorarfestsetzung zwischen diesen beiden Fällen sind denkbar. Zur Verdeutlichung des Nichtzusammenpassens von Ingenieurleistung und Sanierungskosten möchte ich auf den Vortrag von BD Dahlmann vom Tiefbauamt der Stadt Bochum „Kombinierte Sanierungsverfahren, integrierte Mehrkomponentensanierung großflächiger Brachen in der Stadt Bochum“ hinweisen. Hier wurde durch großen ingenieurtechnischen Planungsaufwand eine Minderung von möglichen Sanierungskosten um mehrere hundert Prozent erreicht, ohne das hierbei vom Sanierungsziel Abstriche gemacht wurden.

## Schlußbetrachtung

Die Besonderheiten bei den Ingenieurleistungen zu belasteten Böden lassen meines Erachtens eine Honorarermittlung, wie sie nach HOAI, Teil VII, sich an Baukosten bemißt, derzeit nicht zu. Es ist daher grundsätzlich der falsche Weg, einen eigenständigen HOAI-Teil Altlasten derart anzudenken, daß über komplizierte und differenzierte Einzelansätze Bezüge zu möglichen Kosten (Analysen, Sanierungen) abgeleitet werden.

Auch weiterhin sollte mit klarer Aufgabenbeschreibung der zu erwartende Ingenieuraufwand, unabhängig von möglichen Analyse- und Sanierungskosten, geschätzt werden; durch entsprechende Vertragsklauseln können nachträgliche Änderungen bei Feststellung von Fehleinschätzungen zugelassen und ein Honorar vereinbart werden (quasi: angemessene Aufwandserstattung).

Ein gutes Instrumtent für eine angemessene Honorarfindung ist hierbei die stufen- und abschnittsweise Beauftragung. Dies eröffnet dem Ingenieur und dem AG die Möglichkeit (besonders in den Phasen II a und II b), den erforderlichen Arbeitsumfang auf den neuesten Kenntnisstand hin zu definieren.

Mit der von mir eingesetzten Leit-OFD Hannover bemühen wir uns (unter anderem durch Analyse der vielen hundert Liegenschaften, der für sie durchgeführten Phase-I- und Phase-II-Untersuchungen, Sanierungen und Sicherungen, Phase III):

- signifikante Liegenschaftskenndaten,
- typische Probenentnahmen und -analysen in Art und Umfang mit den ihnen zu geordneten Kosten,
- Daten über den erforderlichen Ingenieuraufwand zusammenzustellen, um künftig eine größere Vertragssicherheit zu erlangen.

Die Arbeiten sind noch nicht abgeschlossen. Lösungen gemäß dem vorgestellten HOAI-Entwurf erscheinen nach heutigem Kenntnisstand jedoch nicht der richtige Weg zu sein.

Sobald verwertbare Ergebnisse vorliegen, werden wir sie gerne publizieren.

Abschließend möchte ich aus politischer Sicht zum Weg der HOAI anmerken: In der z. Z. in Arbeit befindlichen 5. Änderungsverordnung wird – neben einer Vereinfachung – angestrebt:

- Honoaranpassung,
- Befassung mit der $CO_2$-Problematik,
- mögliche Kostenminderung.

Es kann und darf nicht richtig sein, daß unsere Regelwerke durch Fortschreibung von Spezialisten so umfassend differenziert und kompliziert werden, daß der normale Anwender im Regelfall wegen Nichtverstehen das Ziel der Regel nicht erreicht. Ein eigenständiger komplizierter HOAI-Teil kann somit auch nicht unterstützt werden.

Ob bei einer ggf. künftigen 6. Änderungsverordnung zur HOAI materiell belastete Böden mitbehandelt werden, wird die Zukunft zeigen.

# Erfahrungen mit der Anwendbarkeit der HOAI auf Gefährdungsabschätzungen und Sanierungen von Altlasten

Raymund M. Spang und Gerhard von Zezschwitz

Die *Honorarordnung für Architekten und Ingenieure (HOAI)* ist in ihrer 1. Fassung am 01.01.1977 in Kraft getreten und ersetzt die bis dahin gültigen Gebührenordnungen der Architekten (GOA) und der Ingenieure (GOI) sowie die Bestimmungen der Leistungs- und Honorarordnung der Ingenieure (LHO). Zusätzlich wurde eine Reihe von Leistungen aufgenommen, die zu dieser Zeit das Berufsbild der Architekten und Ingenieure erweitert haben (städtebauliche Leistungen, Teil V; landschaftsplanerische Leistungen, Teil VI). Bis dato ist die HOAI immer wieder ergänzt und dadurch umfangreicher geworden; immer mehr Leistungsbilder wurden aufgenommen. Schon mit der ersten Novelle wurden die wichtigen Leistungsbilder für Bodenmechanik, Erd- und Grundbau (Teil XII) hinzugefügt. Insofern entbehrt es nicht einer gewissen Logik, auch die Untersuchung von Altlasten in die HOAI aufzunehmen.

Die HOAI ist gekennzeichnet durch die Kombination weit gefächerter Leistungsbilder mit entsprechenden *Honorartafeln*, d. h. *das Honorar ist proportional der Bausumme bzw. den anrechenbaren Kosten*. Die Ermittlung der anrechenbaren Kosten erfolgt für die ersten Leistungsphasen bis zur Vorlage der Kostenermittlung anhand einer Kostenschätzung auf der Basis von Erfahrungswerten.

Mit der Einführung der HOAI einher geht prinzipiell ein Verbot der Ausschreibung von Ingenieurleistungen als geistig-schöpferische Leistungen und damit der Wegfall der in der Marktwirtschaft ansonsten üblichen Konkurrenz auf der Basis von Angebot und Nachfrage.

Im Gegensatz zur HOAI enthält die *Verdingungsordnung für Bauleistungen (VOB)* als gewissen Pendant zur HOAI bauspezifische Regelungen zum Wettbewerb und zur Vergabe, zur Vertragsgestaltung sowie in Teil C auch technische Regeln. Die VOB enthält allerdings keine *Preislisten* für Bauleistungen.

Sieht man bei Ausschreibungen größere Bauleistungen, was für die Vergabe letztlich entscheidend ist, so sind dies in der Regel *Sondervorschläge*, die über geistige Leistungen zustande gekommen sind, so daß zumindest in der VOB regelmäßig „geistige Leistungen“ dem Wettbewerb unterworfen werden.

Bei den Architekten- und den Ingenieurleistungen des konstruktiven Ingenieurbaus und der Vermessung sind Gebührenordnungen Tradition. Bei den Untersuchungen von Altlasten und Altstandorten gibt es derzeit solche Gebührenordnungen nicht. Für die Sanierung sind dagegen zumindest teilweise Leistungsbilder in der HOAI seit der letzten Novelle vom 13.12.1990 vorgesehen [51, (1), 5., in Verbindung mit 55, (1), „Instandsetzungen" und 54, (1), 2.e, 3.e, 4.a, e].

Hat die Tatsache, daß die eigentliche Untersuchung von Altlasten und Altstandorten in der HOAI nicht enthalten ist, bislang negative Auswirkungen auf die Vergabe und Bearbeitung von Altlasten gehabt? Diese Frage ist schwierig zu beantworten.

Unterstellt man, daß Leistung ein Produkt aus Arbeit pro Zeiteinheit ist, kann man davon ableiten, daß schlechte Honorare zu schlechten Leistungen führen müssen. Leider garantieren gute Honorare noch nicht automatisch auch gute Leistungen. Sollen geistig-schöpferische Leistungen auch in Zukunft aus dem Preiswettbewerb herausgehalten werden, so ist tatsächlich eine Regelung der Honorare über eine Gebührenordnung zwingend.

Die HOAI soll über definierte Leistungsbilder (Tabelle 1) angemessene bzw. auskömmliche Honorare garantieren. Um der Frage nachzugehen, inwieweit sie das überhaupt leisten kann, müssen zunächst einige grundsätzliche Aspekte der Bearbeitung von Altlastenproblemen diskutiert werden.

## 1. Grundsätzliche Aspekte der Bearbeitung von Altlasten

Mit Bezug auf den ordnungsrechtlichen Gefahrenbegriff handelt es sich bei Altlasten um in der Regel anthropogene Anreicherungen von Schadstoffen, die ein stoffspezifisches *Schadstoffpotential* darstellen. Eine Gefahr für die öffentliche Sicherheit ist aber zusätzlich davon abhängig, ob eine *Ausbreitung* über die Emissionspfade Boden, Wasser und Luft und/oder negative Einwirkungen auf *Schutzgüter* erfolgt. Zur Erkundung von Altlasten hat sich die in der Literatur vielfach beschriebene, in Tabelle 2 dargestellte Vorgehensweise bewährt.

Prinzipiell ergeben sich bei der Festlegung von Leistungsbildern für die Bearbeitungsschritte im Rahmen der Gefährdungsabschätzung nach Tabelle 2 erhebliche Probleme, da jede Altlast ein „individuelles" Untersuchungsprogramm erfordert. Nur so kann ein optimales Untersuchungsergebnis erzielt werden. Ein schematisierter Leistungsumfang ist in der Regel hier nicht zweckdienlich, der Leistungsumfang muß den Randbedingungen des Einzelfalls angepaßt werden. Prinzipiell können die im Rahmen der Untersuchung von Altstandorten und Altablagerungen zu erbringenden Leistungen in 3 Kategorien aufgeteilt werden:

a) Ingenieurleistungen geistig-schöpferischer Art (historische Erkundung einschließlich Akteneinsicht und multitemporaler Luftbildauswertung, Auswertung von Feld- und chemischen Untersuchungsergebnissen, Darstellung in Berichten und Dokumentationen);
b) Feld- und Laborarbeiten durch den Ingenieur im Sinne der HOAI (Schlitz-/Rammkernsondierungen, Kleinpegel, Probennahme für Luft, Wasser und Boden, teilweise auch bodenmechanische und chemische Analytik, geophysikalische Untersuchungen);

**Tabelle 1.** Entwicklung der Leistungsbilder der HOAI seit 1976

| HOAI vom 17.06.1976 | HOAI vom 17.07.1984 | HOAI vom 13.12.1990 |
|---|---|---|
| Teil I<br>Allgemeine Vorschriften | Teil I<br>Allgemeine Vorschriften | Teil I<br>Allgemeine Vorschriften |
| Teil II<br>Leistungen bei Gebäuden, Freianlagen und Innenräumen | Teil II<br>Leistungen bei Gebäuden, Freianlagen und raumbildenden Ausbauten | Teil II<br>Leistungen bei Gebäuden, Freianlagen und raumbildenden Ausbauten |
| Teil III<br>Zusätzliche Leistungen | Teil III<br>Zusätzliche Leistungen | Teil III<br>Zusätzliche Leistungen |
| Teil IV<br>Gutachten und Wertermittlung | Teil IV<br>Gutachten und Wertermittlung | Teil IV<br>Gutachten und Wertermittlung |
| Teil V<br>Städtebauliche Leistungen | Teil V<br>Städtebauliche Leistungen | Teil V<br>Städtebauliche Leistungen |
| Teil VI<br>Landschaftsplanerische Leistungen | Teil VI<br>Landschaftsplanerische Leistungen | Teil VI<br>Landschaftsplanerische Leistungen |
| Teil VII<br>Leistungen bei der Tragwerksplanung | Teil VII<br>Leistungen bei Ingenieurbauwerken und Verkehrsanlagen | Teil VII<br>Leistungen bei Ingenieurbauwerken und Verkehrsanlagen |
| | | Teil VII a<br>Verkehrsplanerische Leistungen |
| Teil VIII<br>Schluß- und Überleitungsvorschriften | Teil VIII<br>Leistungen bei der Tragwerksplanung | Teil VIII<br>Leistungen bei der Tragwerksplanung |
| | Teil IX<br>Leistungen bei der technischen Ausrüstung | Teil IX<br>Leistungen bei der technischen Ausrüstung |
| | Teil X<br>Leistungen für thermische Bauphysik | Teil X<br>Leistungen für thermische Bauphysik |
| | Teil XI<br>Leistungen für Schallschutz und Raumakustik | Teil XI<br>Leistungen für Schallschutz und Raumakustik |
| | Teil XII<br>Leistungen für Bodenmechanik, Erd- und Grundbau | Teil XII<br>Leistungen für Bodenmechanik, Erd- und Grundbau |
| | Teil XIII<br>Leistungen für Vermessung | Teil XIII<br>Vermessungstechnische Leistungen |
| | Teil XIV<br>Schluß- und Überleitungsvorschriften | Teil XIV<br>Schluß- und Überleitungsvorschriften |

**Tabelle 2.** Teilleistungen bei Bearbeitung von Altlasten

| Gefährdungs-abschätzung | I Historische Erkundung | II Technische Erkundung |
|---|---|---|
| | 1. Grundlagenermittlung | 1. Grundlagenermittlung |
| | 2. Material- und Datenrecherche | 2. Aufstellen des Untersuchungs-programnms |
| | 3. Datenauswertung | 3. Vorbereiten und Miwirken bei der Vergabe con Bauleistungen für Feldarbeiten |
| | 4. Informationsverknüpfung | 4. Eigenuntersuchung |
| | 5. Bewertung der Ergebnisse | 5. Bewertung der Ergebnisse |
| | 6. Dokumentation und Präsentation | 6. Dokumentation |
| **Sanierung** | **III Sanierungsuntersuchung** | **IV Sanierung** |
| | 1. Grundlagenermittlung | 1. Grundlagenermittlung |
| | 2. Sanierungskonzepterstellung | 2. Vorplanung |
| | 3. Erprobun von Alternativen | 3. Detailplanung |
| | 4. Vergleichende Bewertung der Alternativen | 4. Genehmigungsplanung |
| | 5. Dokumentation | 5. Ausführungsplanung |
| | | 6. Vorbereiten der Vergabe |
| | | 7. Mitwirken bei der Vergabe |
| | | 8. Oberleitung und örtliche Überwachung der Sanierung |
| | | 9. Objektbetreuung und Dokumentation |

c) Bauleistungen im Sinne der VOB (Erdarbeiten wie z. B. Baggerschürfe, Kernbohrungen, Einrichtung von Grundwassermeßstellen).

## 2. Anwendung der HOAI im Rahmen der Altlastenbearbeitung

Wie dargestellt, ist die HOAI gekennzeichnet durch

- Leistungsbilder mit prozentualer Bewertung,
- Honorarzonen als Funktion unterschiedlicher Schwierigkeitsgrade und
- Honorartafeln auf der Basis anrechenbarer Kosten.

Als Ausnahmeregelung sind die Punkte 6/7 vorgesehen, bei denen abweichend vom Regelfall und unter definierten Bedingungen nach dem vorab geschätzten und anschließend pauschalierten oder dem tatsächlich entstandenen Aufwand abgerechnet werden kann. Aus obigen Ausführungen ergeben sich nun folgende Fragen:

a) Ist es möglich, bei der Untersuchung von Altlasten allgemein gültige Leistungsbilder zu formulieren?
b) Lassen sich Schwierigkeitsgrade definieren?
c) Ist die Aufstellung von Honorartafeln möglich, bzw. existiert die dazu notwendige Proportionalität zwischen ingenieurmäßigem Untersuchungsaufwand und Sanierungskosten?

Der Frage, ob es nicht sinnvoll wäre, das Honorar für die Untersuchungsphase nicht an die Sanierungskosten, sondern an die Kosten der Labor- und Felduntersuchungen zu knüpfen, soll an anderer Stelle nachgegangen werden. In diesem Zusammenhang soll nur stellvertretend darauf hingewiesen werden, daß längst nicht alle Altlastenuntersuchungen Sanierungen mit entsprechenden Kosten nach sich ziehen. Für solche Untersuchungen steht damit eine der Grundvoraussetzungen einer Honorarermittlung, nämlich die Ermittlung anrechenbarer Kosten, nicht zur Verfügung.

## 3. Grundsätzliches zu Leistungsbildern

Nach kaufmännischen Grundsätzen sind Preise das Ergebnis einer Kalkulation, bei der die Kosten einer geforderten Leistung einschließlich der Zuschläge für Wagnis und Gewinn ermittelt werden. In Verbindung mit der Einschätzung des Marktes und der aktuellen Situation des Unternehmens ergibt sich daraus der Angebotspreis. Ähnliche Überlegungen wurden im Vorfeld der HOAI-Verordnung durch das Gutachten von Pfarr, Arlt, Hobusch (sog. Pfarr-Gutachten) ausgeführt (s. auch Pfarr/Arlt/Hobusch (1974) *Das Planungsbüro und seine Kosten.* Wuppertal). Durch eine Honorarordnung soll dieses System durch innerhalb einer relativ schmalen Bandbreite schwankende Einheitshonorare ersetzt werden. Dies ist offensichtlich eine der Voraussetzungen, um auf die bei Bauleistungen (VOB) bzw. sonstigen Lieferungen und Leistungen (VOL) vorgeschriebenen Ausschreibungen verzichten zu können.

Will der Auftraggeber zu vergleichbaren Angeboten kommen, muß er ein Leistungsbild festschreiben. Zwingend erforderlich ist eine zur VOB analoge ausreichende Bearbeitungszeit für die Kalkulation. Diese muß auch die Ausarbeitung von Sondervorschlägen aus gutachterlicher Sicht ermöglichen. Wird dem Gutachter im Anfragetext, wie leider teilweise üblich, jeglicher Spielraum für die Einbringung seiner Erfahrungen genommen, erhält die Anfrage die Qualität einer Bestellung nach Warenhauskatalog. Die erwartete geistig-schöpferische Leistung ist damit ausgeschlossen. Es stellt sich damit die Frage, ob für Altlastenuntersuchungen das aus dem Bauwesen bekannte Modell der Funktionalausschreibung mit entsprechenden Modifikationen nicht besser geeignet wäre als das bislang praktizierte Modell von Fordersätzen und Einheitspreisen. Die Gefahr ist allerdings nicht zu verkennen, daß nach diesem Modell meist derjenige den Auftrag erhält, der seinen Untersuchungsaufwand ggf. auf Kosten des Projektes minimiert.

Für die Formulierung von Leistungsbildern existieren bereits eine Vielzahl verschiedener Vorschläge. Zitiert seien hier z. B. die „Arbeitshilfen zur Beauftragung von Planern, Gutachtern und Firmen mit der Sanierung von Altlasten" (Diederichs u. Rüller (1992). Die Unterschiede zwischen den einzelnen Vorschlägen sind offensichtlich nicht so gravierend, als daß sich daraus kein allgemein akzeptierter Vorschlag entwickeln ließe. Die Definition von Leistungsbildern als eine der bereits mehrfach erwähnten Grundvoraussetzungen für die Aufnahme der Untersuchungsleistungen bei Altlasten in die HOAI erscheint damit gegeben.

## 4. Definition von Schwierigkeitsgraden

Gegenüber dem Erstellen von Leistungsbildern erscheint die Definition von Schwierigkeitsgraden dagegen wesentlich schwerer lösbar. Eine Vielzahl von Faktoren muß hier herangezogen werden. Die wichtigsten sind:

- geographische Lage der Altlast, insbesondere hinsichtlich der Nutzung des Umfeldes bzw. der Fläche selbst;
- geologische und hydrogeologische Randbedingungen;
- Schadstoffgruppen und Schadstoffkonzentrationen;
- Wirkungspfade und Mobilität der Schadstoffe und damit Art der Gefährdung.

In der Praxis kann daher ein und dieselbe Schadstoffkonzentration derselben Stoffgruppe zur Sanierung zwingen (bei sensibler Nutzung, wie sie bei Wasserschutzzonen oder bei Wohnbebauung vorliegt) oder keinen Sanierungsbedarf auslösen (Brachflächen, Industrieflächen). Es ist einleuchtend, daß im Falle einer erforderlichen Sanierung der Leistungsumfang und der Schwierigkeitsgrad in der Regel bereits für die Gefährdungsabschätzung größer sein wird.

Ob letztlich saniert werden muß, kann erst durch die Untersuchung ermittelt werden. Es handelt sich hierbei um ein wesentliches Untersuchungsziel. Die sich erst im Verlauf der Untersuchung ergebende Implikation einer späteren Sanierung kann deshalb bei der Ermittlung des Schwierigkeitsgrades für die Untersuchung selbst noch nicht berücksichtigt werden. Dies unterscheidet die Altlastenuntersuchung ganz wesentlich von Leistungen bei Ingenieurbauwerken und Verkehrsanlagen nach Teil VII der HOAI oder von Leistungen bei der Tragwerksplanung nach Teil VIII, bei denen sich der Schwierigkeitsgrad aus Erfahrungswerten bereits bei Beginn der Bearbeitung im Regelfall genau genug einschätzen läßt.

Bei einer Bewertung des Schwierigkeitsgrades bei Sanierungen muß auch berücksichtigt werden, daß „Low-tec"-Lösungen wie Bodenaustausch in der Regel einen wesentlich geringeren Planungsaufwand als komplexere innovative Verfahren erfordern (z. B. mikrobiologische und thermische Behandlung von kontaminierten Böden).

Für die Ermittlung von Schwierigkeitsgraden wird derzeit ein Punktesystem erarbeitet, bei dem möglichst viele der oben angeführten Faktoren und Randbedigungen Berücksichtigung finden sollen. Vergleichbare Systeme sind seit langem z. B. für die Klassifizierung der Gebirgsverhältnisse im Tunnelbau bekannt.

## 5. Aufstellung von Honorartafeln

Für eine Aufnahme von Erstbewertungen und Gefährdungsabschätzungen in die HOAI mit entsprechenden Honorartafeln liegen bislang noch nicht genügend methodische Ansätze und Erfahrungen vor. Hierüber sollte noch ein intensiver Erfahrungsaustausch zwischen den beteiligten Auftraggebern und Gutachtern erfolgen. Dieser muß sich insbesondere auf die Herausbildung von Proportionalitätsfaktoren zur Ermittlung angemessener, auskömmlicher Honorare erstrecken.

Auf das Problem, welche Kosten einer Untersuchung/Sanierung als anrechenbar gelten können und welche nicht, kann im Rahmen dieses Beitrags nicht eingegangen werden.

Die in der HOAI bereits vorhandenen Leistungsbilder für die Sanierungsuntersuchung sind derzeit noch unvollständig und nur für Altdeponien und Altstandorte unter bestimmten Voraussetzungen anwendbar. Die Sanierung durch Bodenaustausch ist nicht erfaßt.

Im Rahmen der Planung einer Sanierung zu erbringende Ingenieurleistungen aus dem Bereich des Spezialtiefbaus können ggf. nach Teil VII und VIII abgerechnet werden.

## 6. Praktische Erfahrungen

Auf die Frage, welche praktischen Erfahrungen im Bereich der Altlastenbearbeitung vorliegen, lassen sich folgende Feststellungen treffen:

Im Regelfall werden derzeit Leistungen für Gefährdungsabschätzungen und Sanierungsuntersuchungen nach den Paragraphen 6 und 7 der HOAI mit pauschaliertem Aufwand angeboten und durch Auftraggeber akzeptiert. Allerdings wird häufig über die reinen Gutachterleistungen hinaus auch die Übernahme von Analytik und Bohrleistungen erwartet. In welchem Verhältnis diese Leistungen zu den eigentlichen Gutachterleistungen stehen, soll an 2 Fällen exemplarisch gezeigt werden.

In den beiden nachfolgenden Grafiken (Abb. 1) ist eine prozentuale Verteilung der Kosten zweier typischer Gefährdungsabschätzungen dargestellt. Es handelt sich hierbei um Gesamtauftragsvolumina von rund 180.000 bzw. 350.000 DM. Wie sich aus den Grafiken ergibt, entfallen davon rund 20 % auf Ingenieurleistungen, aufgeteilt in Feldarbeiten und Berichte unter Einschluß geophysikalischer Untersuchungen, rund 25 % auf chemische Untersuchungen sowie der Hauptanteil von rund 55 % auf Bohrarbeiten nach DIN 18 301 bzw. 4021.

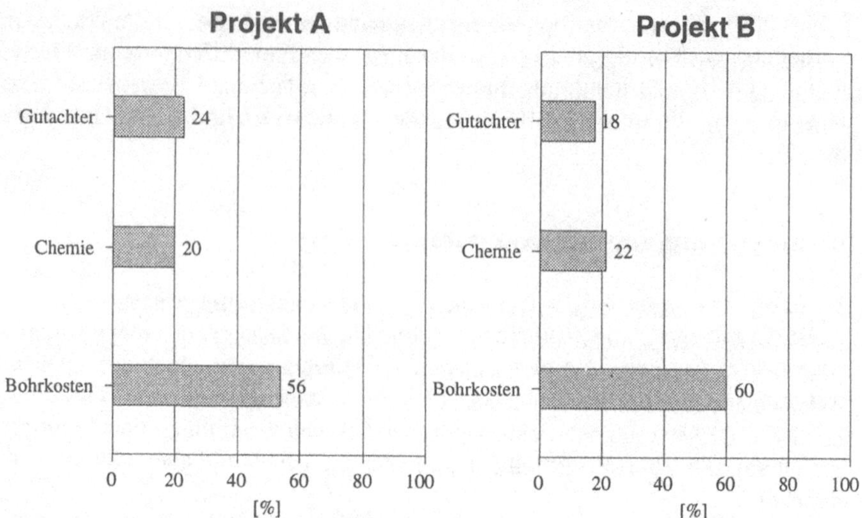


**Abb. 1.** Kostenverteilung für Ingenieurleistungen, Analytik und Bohrarbeiten für zwei typische Gefährdungsabschätzungen

Die Vergabe der gesamten Untersuchungsleistungen an einen „Generalunternehmergutachter" erscheint aus der Sicht vieler Auftraggeber vorteilhaft gegenüber Einzelvergaben, weil nur eine Vergabe notwendig ist und für den gesamten Auftrag nur ein Ansprechpartner existiert. Eine solche Vergabe gefährdet jedoch offensichtlich die Unabhängigkeit des Gutachters im Hinblick auf die Kontrolle von Bohrfirmen und Labors. Je nach Kreditwürdigkeit des Auftraggebers übernimmt der Gutachter mit dem Generalauftrag kaum kalkulierbare finanzielle und Haftungsrisiken, die zumindest kleinere Büros in existenzbedrohende Situationen bringen können.

Aus Vergaben nach Teil XII der HOAI ist auch bekannt, daß die Vermischung von HOAI-Leistungen und VOB-Leistungen zu schwierigen Rechtsfragen nicht nur hinsichtlich der Gewährleistungsfristen führen kann.

Die Frage des Generalunternehmers allerdings andersherum lösen zu wollen und dem Träger des größten Leistungsanteils, in der Regel entweder dem Analytiklabor oder dem Bohrunternehmer, auch die Gutachterleistungen zu übertragen, verbietet sich aus den oben dargelegten Gründen.

Ein weiteres Problem bildet bei der Erstbewertung und Gefährdungsabschätzung die vollständige Erfassung aller auszuführenden Leistungen bereits bei Vertragsabschluß. In der Regel werden deswegen Nachtragsverhandlungen erforderlich. Ob sich dieses Problem allerdings durch die Aufnahme der Untersuchung von Altlasten in die HOAI vollständig lösen läßt, muß bezweifelt werden, ergeben sich entsprechende Nachtragsleistungen doch häufig vor allem aus zusätzlichem Aufwand bei den Felduntersuchungen. Dieser zieht dann entsprechende zusätzliche Gutachterleistungen nach sich.

Als Lösung stellt sich bislang die stufenweise Vergabe der Untersuchungsleistungen dar, wobei sich aus der beprobungsfreien Erstbewertung (historische

Erkundung) in der Regel bereits brauchbare Schätzungen des späteren Untersuchungsaufwandes beziehen lassen. Eine weitere Entschärfung des Honorarproblems läßt sich mit Sicherheit durch eine konsequente Einzelvergabe von Gutachterleistungen, Bohr- und Analytikleistungen erreichen. Bei aller zum Ausdruck gebrachten Skepsis werden jedoch von einer Aufnahme auch der Untersuchungsleistungen in die HOAI Vorteile sowohl für die Auftraggeber, als auch für die Gutachter erwartet. Bis diese allerdings erfolgen kann, sind noch intensive Beratungen zwischen den Beteiligten erforderlich. Wenn dieser Vortrag hierzu Denkanstöße geliefert hat, hat er seinen Zweck erfüllt.

## Literatur


Borries HW (1992) Altlastenerfassung und -Erstbewertung durch multitemporale Karten- und Luftbildauswertung. Würzburg

Diederichs CJ, Rüller G (1992) Arbeitshilfen zur Beauftragung von Planern, Gutachtern und Firmen mit der Sanierung von Altlasten. Abschlußbericht des DFG-Forschungsvorhabens

Locher/Koeble/Frik (1989) Kommentar zur HOAI, mit einer Einführung in das Recht des Architekten und der Ingenieure, 5. neu bearb. und erweiterte Aufl. Düsseldorf

Ministerium für Umwelt, Raumordnung und Landwirtschaft des Landes NRW (Murl) (Hrsg) (1987) Die Verwendung von Karten und Luftbildern bei der Ermittlung von Altlasten. Ein Leitfaden für die praktische Arbeit, 2. Bd. Düsseldorf

Verordnung über die Honorare für Leistungen der Architekten und der Ingenieure (HOAI), 1. Fassung vom 17.09.1976 (BGBl. I, S. 2805, Ber. S. 3616)

Verordnung über die Honorare für Leistungen der Architekten und Ingenieure; mit erweiterten Honorartafeln (HOAI), novellierte Fassung vom 17.09.1976 (BGBl. I, S. 2805)

Verordnung über die Honorare für Leistungen der Architekten und Ingenieure; in der Fassung der 3. Änderungsverordnung, mit erweiterten Honorartafeln; (HOAI), in der Fassung vom 17.09.1976 (BGBl. I, S. 2805) sowie in der Fassung vom 17.07.1984 (BGBl. I, S. 948)

Verordnung über die Honorare für Leistungen der Architekten und Ingenieure; in der Fassung der 4. Änderungsverordnung, in der Fassung vom 13.12.1990 (BGBl. I, S. 2707)

# Altlastensanierung und HOAI – Erfahrungen aus der Praxis

Horst Dannemann und Gerald Mansel-Rudolph

In der derzeit geführten Umweltdiskussion gehört der Begriff „Altlast" zu den am häufigsten gebrauchten Wörtern, und es gibt meistens keine einheitliche Meinung darüber, was konkret darunter zu verstehen ist.

Laut Sondergutachten „Altlasten" des Rates von Sachverständigen für Umweltfragen sind „... Altablagerungen und Altstandorte Altlasten, sofern von ihnen Gefährdungen für die Umwelt, insbesondere die menschliche Gesundheit ausgehen oder zu erwarten sind."

Kommt eine Gefährdungsabschätzung zu dem Ergebnis, daß eine Beeinflussung der Umgebung zu erwarten ist, d. h. eine Gefahr von der Fläche ausgeht, ist eine Sanierung des Standortes erforderlich (Barkowski et al. 1993 [1]).

Bisher wurde meistens Sanierung mit Dekontamination des Bodens und des Grundwassers gleichgesetzt. Insidern war bereits seit langem klar, daß diese Forderung vielfach unangemessen und auch nicht zu finanzieren ist. Bei einer nutzungsbezogenen Betrachtung kann eine Sicherung oder eine Kombination aus Sicherung und Dekontamination für ein belastetes Grundstück gleichwertig neben einer Dekontamination der stofflichen Belastungen sein. Der zwischenzeitlich vorliegende Referentenentwurf des Bodenschutzgesetzes berücksichtigt dies.

Sicherungsmaßnahmen oder auch die Kombination mit Dekontaminationsmaßnahmen bei der Sanierung von Altstandorten und Altablagerungen sind

1) Ingenieurleistungen im Sinne der HOAI,
2) Bauleistungen im Sinne der VOB.

Im folgenden soll an zwei abgeschlossenen Sanierungsmaßnahmen die Vorgehensweise für die Honorarfindung bzw. Abrechnung des Planungs- und Überwachungsaufwands erläutert werden.

Es handelt sich in beiden Fällen um die Sanierung von Siedlungen auf ehemaligen Industriestandorten. Für den ersten Fall „Essen-Alternbergsiedlung" wurde als Basis die HOAI 1984 zugrunde gelegt, während im zweiten Fall bereits die HOAI in der Fassung von 1991 angewandt werden konnte.

## 1. Grundlagen der Honorarfindung nach der Honorarordnung für Architekten und Ingenieure (HOAI) für Objekte der Altlastensanierung

Bei den Maßnahmen der Altlastensanierung handelt es sich um Ingenieurbauwerke, die im Teil VII der HOAI „Leistungen bei Ingenieurbauwerken und Verkehrsanlagen" abgehandelt werden. Stellt man die Objektliste des § 54 der HOAI-Ausgaben von Januar 1985, April 1988 und der derzeit gültigen Fassung vom Januar 1991 gegenüber, so erkennt man, daß erst mit der Ausgabe von 1991 die Sanierung von Altablagerungen bzw. kontaminierten Standorten als eigenständige Ingenieuraufgabe textlich erwähnt wird.

*Leistungsbild zur Altlastensanierung in der HOAI, Ausgabe Januar 1991, Teil VII, § 54 (1)*

Honorarzone III:
- Abdichtung von Altablagerungen und kontaminierten Standorten, soweit nicht in Honorarzone IV erwähnt.

Honorarzone IV:
- Abdichtung von Altablagerungen und kontaminierten Standorten mit schwierigen technischen Anforderungen, Anlagen zur Behandlung kontaminierter Böden.

Damit ist in Honorarverhandlungen mit den Auftraggebern bereits eine deutliche Verbesserung eingetreten. Gleiches gilt für die Bewertung der Leistungen im Rahmen der örtlichen Bauüberwachung gemäß § 57 der HOAI.

Während bei den Ausgaben 1985 und 1988 keine speziellen Hinweise zur Honorarfindung vorliegen, wird in der Ausgabe 1991 die in § 57 (2) vorgenommene Honorarberechnung mit 2,0 bis 3,0 v. Hundert der anrechenbaren Kosten in § 57 (3) bei Objekten nach § 52, Abs. 9 aufgehoben und eine freie Vereinbarung ermöglicht. Im § 52 (9) werden die Leistungen für die Altlastensanierung ausdrücklich erwähnt. Dort heißt es:

„Das Honorar für Leistungen ... beim Ausräumen oder bei hydraulischer Sanierung von Altablagerungen und bei kontaminierten Standorten ... kann frei vereinbart werden."

Der so von der HOAI gewährte Freiraum der Honorarfindung kann nun durch auf den Einzelfall zugeschnittene sinnvolle Vereinbarungen zwischen Bauherrn und Auftragnehmer ausgefüllt werden. Auf zwei mögliche Vorgehensweisen wird anhand der nachfolgend geschilderten Fallbeispiele eingegangen.

## 2. Fallbeispiel 1: Essen-Altenbergsiedlung aus den Jahren 19871989

Bei dem hier beschriebenen Bauvorhaben handelt es sich um die Sanierung einer bewohnten Altlast. Wie bereits erläutert, lagen im Jahre 1987 noch keine Festlegungen bzw. Hinweise in der HOAI für derartige Ingenieuraufgaben vor.

Es war jedoch der Wunsch des Bauherrn, für die planerischen Leistungen und die örtliche Bauüberwachung einen Ingenieurvertrag nach HOAI abzuschließen. Nach längeren Verhandlungen und Vorlage einer Honorarermittlung auf der Basis der HOAI ist zunächst eine Beauftragung der Leistungsphasen 1–5 gemäß § 54 erfolgt. Die planerischen Leistungen wurden in die Honorarzone III eingeordnet. Das Honorar wurde auf Grundlage einer Kostenschätzung ermittelt, die zu diesem frühen Zeitpunkt einen Betrag von DM 15 Mio. aufwies (Tabelle 1).

Die Honorarverhandlungen für die Leistungphasen 69 und die Bauüberwachung sowie für besondere Leistungen gestalteten sich weitaus schwieriger. Dies war darin begründet, daß keine Erfahrungen für derartige Objekte vorlagen. Um zu einer Vereinbarung zu kommen, wurde zunächst der geplante Personaleinsatz für die Bauüberwachung und Qualitätskontrolle in Abhängigkeit von der Baudurchführung abgeschätzt (vgl. Tabelle 2).

Im Vertrag wurde dann zunächst die örtliche Bauüberwachung gemäß § 57 pauschal mit 2,2 % der anrechenbaren Schätzkosten, das heißt mit dem damals gültigen Maximalsatz angeboten. Bei einer Gegenüberstellung des geplanten Personaleinsatzes mit dem daraus errechneten Honorar ergab sich, daß die Kosten nicht abgedeckt waren. Im Vertrag wurde das notwendige zusätzliche Personal für Qualitätskontrollen und Überwachung, die mit der HOAI nicht

**Tabelle 1.** Auszug aus dem Ingenieurvertrag für die Leistungsphasen 1–5

**Anlage 1**

zum Ingenieurvertrag vom 19.05.1987 über die Sanierung des Geländes der ehemaligen Zinkhütte der Altenberg AG in Essen-Borbeck

**Honorarberechnung**

Honorargrundlagen:

Anrechenbare Schätzkosten lt. § 52 HOAI pauschal netto 15 Mio. DM
Einstufung in Honorarzone III gemäß § 54 HOAI
Beauftragte Grundleistungen gemäß § 55 (2) HOAI: Leistungsphase 15
Mindestsätze gemäß § 4 HOAI gelten als vereinbart

Berechnung:

100% der Grundleistungen lt. Honorartafel zu § 55, Abs. 1 HOAI
= 512.190,00 DM
Leistungsphase 1 bis 5
vereinbarte Bewertung Gesamt 60,5%
0,605512.190,00 DM = 309.874,95 DM

Nebenkosten:

pauschal 6% von 309.874,95 DM = 18.592,50 DM

**Tabelle 2.** Fallbeispiel 1: geplanter Personaleinsatz

| Jahr | 1987 | 1988 | 1989 |
|---|---|---|---|
| Monat | März, April, Mai, Juni, Juli, Aug., Sep, Okt., Nov., Dez. | Jan, Feb., März, April, Mai, Juni, Juli, Aug., Sep., Okt., Nov., Dez | Jan., Feb, März, April, Mai, Juni, Juli, Aug, Sep., Okt., Nov., Dez |
| Baudurchführung | | | |
| Oberbauleiter | | 4 Std. täglich | 4 Tage monatlich 7 Monate |
| Projektleiter | | | 27 M. |
| Ing. Bauüberwachung | | | 12 Monate |
| Ing. Qualitätskontrolle | | | 18 Monate |
| Techniker/Zeichner | | | 18 Monate |
| Labortechniker | | | 22 Monate |
| Gutachter | | 8 Tage monatlich | 4 Tage monatlich 9.2 M. |
| PR-Mann | | | 24 Monate |
| Laborant Bodenentnahme | | | 22 Monate |

abgedeckt werden, getrennt ausgewiesen. Die Abrechnung erfolgte als Zeithonorar über „Mann-pro-Monat-Sätze".

Für die gutachterliche Begleitung der Sanierungsmaßnahme während der Bauphase wurde eine Pauschalierung vorgesehen. Der Aufbau des Ingenieurvertrages ist in seinen wesentlichen Bestandteilen nachfolgend wiedergegeben (Tabelle 3).

Um den tatsächlichen Aufwand nachweisen zu können und auch Anhaltswerte für weitere Sanierungsaufgaben zu erhalten, wurden von dem beteiligten Personal genaue Tätigkeitsberichte und Stundennachweise angefertigt. Damit war es möglich, eine Nachkalkulation des entstandenen Aufwandes vorzunehmen. Die Leistungen wurden weitgehend auf der Basis der vorgenannten Ingenieur-Verträge abgerechnet. Das daraus resultierende Honorar ist in Tabelle 4 zusammengestellt:

In Tabelle 5 ist der Stundenaufwand des Personals (einschließlich Überstunden) aufgelistet. Die in der Tabelle angegebenen Stundensätze beruhen auf einer Rückrechnung aus den im Ingenieurvertrag genannten Monatssätzen und einer Regelarbeitszeit von 172 Stunden im Monat.

Die Gegenüberstellung der Zahlen in den Abbildungen 4 und 5 ergibt mit den angesetzten, auch für die Jahre 1987–1989 sicher nicht zu hohen Stundensätzen allein für die technische Bearbeitung eine deutliche Unterdeckung.

Die Gründe für den erhöhten Aufwand bei Altlastensanierungen liegen in der Komplexität der Aufgaben einschließlich der daraus resultierenden Koordinierungsaufgaben. Der vorgeschätzte Personalaufwand (vgl. Tabelle 2) ist den tatsächlich angefallenen Stunden gegenübergestellt worden und in Tabelle 6 zusammengestellt.

Wie dort zu ersehen, wurden bis auf die psychosoziale Betreuung durch einen Pädagogen für alle Mitarbeiter deutliche Überschreitungen der vorge-

**Tabelle 3.** Auszug aus dem Ingenieurvertrag für die Leistungsphasen 6–9, die örtliche Bauüberwachung und gutachterliche Leistungen

---

**Anlage 1**

zum Ingenieurvertrag vom 27.11.87 über die Sanierung des Geländes
der ehemaligen Zinkhütte der Altenberg AG in Essen-Borbeck

*Honorarberechnung*

Honorargrundlagen:
Anrechenbare Schätzkosten lt. § 52 HOAI netto 25 Mio. DM
Einstufung in Honorarzone III gemäß § 54 HOAI
Beauftragte Grundleistungen gemäß § 55 (2) HOAI: Leistungsphase 69
Mindestsätze gemäß §4 HOAI gelten als vereinbart

1. Leistungen nach § 55 HOAI
   Berechnung:
   100% der Grundleistungen lt. Honorartafel zu § 56 Abs. 1 HOAI
   = 760.360,00 DM

   Aufstellung der Gesamtkosten für die beauftragten Leistungsphasen:
   vereinbarte Bewertung

| | | |
|---|---|---|
| Leistungsphase 6 = | 8,5 v. H. × 760.360,00 DM = | 64.630,60 DM |
| Leistungsphase 7 = | 4,0 v. H. × 760.360,00 DM = | 30.414,40 DM |
| Leistungsphase 8 = | 15,0 v. H. × 760.360,00 DM = | 114.054,00 DM |
| Leistungsphase 9 = | 2,0 v. H. × 760.360,00 DM = | 15.207,20 DM |
| | 29,5 v. H. | 224.306,20 DM |

2. Örtliche Bauüberwachung
   Leistungsbild gemäß § 57 Abs. 1 HOAI
   Anrechenbare Schätzkosten netto 25, Mio. DM
   davon 2,2 v. H. = 550.000,00 DM

3. Notwendiges zusätzliches Personal für Qualitätskontrolle und Überwachung, die mit der HOAI nicht abgedeckt werden

3.1 Gestellung eines Dipl.-Ing. bzw. Dipl. Geologen für örtliche Bauüberwachung und Qualitätskontrollen
Einsatzzeit: 12 Mon. × 13.000,00 DM = 156.000,00 DM

3.2 Gestellung eines Labortechnikers für Bauüberwachung und Aufmaß
Einsatzzeit: 22 Mon. × 10.000,00 DM = 220.000,00 DM

3.3 Gutachterliche Tätigkeit
Gutachterliche Begleitung der Sanierungsmaßnahme während der Bauphase, Teilnahme an den wöchentlichen Besprechungen, Siedlerversammlungen, etc.
geschätzter Zeitaufwand:
9,2 Mon. × 18.000,00 DM = 165.600,00 DM

4. Nebenkosten
   Nebenkosten wie in § 7, Abs. 2 HOAI aufgeführt, mit Ausnahme der Ziffer 3, werden pauschal mit 6% vom Honorar abgerechnet.
   Aus Ziff. 1 und 2 = 774.306,20

| | |
|---|---|
| 774.306,20 DM × 6 v. H. = | 46.458,37 DM |
| netto | 1.362.364,57 DM |
| + 14% MWSt. | 190.731,04 DM |
| Gesamt-Honorar | *1.553.095,61 DM* |

---

**Tabelle 4.** Gesamthonorar für Planung, Bauüberwachung, Qualitätskontrolle, besondere Leistungen und Grundlagenuntersuchung. (Nach [2])

| Arbeitsbereich | Honorar | |
|---|---|---|
| Planung | | |
| Leistungsphase 1–5 | DM 471.499,00 | |
| Leistungsphase 6–8 | DM 246.830,00 | |
| Grundlagenuntersuchung Abdeckung | DM 10.990,00 | |
| Bauüberwachung | DM 620.400,00 | |
| Qualitätskontrolle, besondere Leistungen | DM 650.800,00 | |
| | | Σ DM 2.000,519,00 |
| Nebenkosten | DM 85.00,00 | Σ DM 2.085,519,00 |

**Tabelle 5.** Tatsächlicher Stundenaufwand für Planung, Bauüberwachung, Qualitätskontrolle und besondere Leistungen. (Nach [2])

| | Gesamtstunden | Stundensatz | Gesamtkosten (DM netto) | |
|---|---|---|---|---|
| Koordinator | 2.976 | 93,00 | 276.768,00 | |
| Projektleiter | 6.416 | 87,00 | 558.192,00 | |
| Planer | 3.840 | 87,00 | 334.080,00 | |
| Ingenieure Überw. | 7.302 | 75,00 | 547.650,00 | |
| Techniker/Zeichner | 4.982 | 58,00 | 288.956,00 | |
| Laborant/Schreibkraft | 5.076 | 52,00 | 263.952,00 | |
| | | | | Σ Tech. 2.269.598,00 |
| Pädagoge | 4.082 | 75,00 | 306.150,00 | Σ Tech. 2.269.598,00 |

schätzten Stunden ausgewiesen. Hinzu kommt, daß es sich dabei zu einem großen Teil um Überstunden handelt. Die Nebenkosten wurden für das Projekt mit 4,2 % des Gesamthonorars abgerechnet. Dies war für eine derartige Baustelle und eine Bauzeit von nahezu 2 Jahren zu niedrig. Nach Sichtung der Ausgaben für Kopien, Pausen, Repräsentationsaufgaben, Kinderfeste, Kaffee und Sonstiges sind 8–10 % des Honorars als Nebenkosten angefallen.

Die im Rahmen der vorliegenden Bearbeitung durchgeführte Nachkalkulation der Ingenieurleistungen ergibt auf der Basis der in Tabelle 5 gemachten An-

**Tabelle 6.** Gegenüberstellung Stundenaufwand für Bauüberwachung einschließlich Qualitätskontrolle und besondere Leistungen

| | Gesamtstunden | | |
|---|---|---|---|
| | geschätzt (h) | ausgeführt (h) | Differenz in Prozent |
| Koordinator | 1.584 | 2.976 | + 87,9 |
| Projektleiter | 4.644 | 6.416 | + 38,2 |
| Ingenieure Überwachung | 5.160 | 7.302 | + 41,5 |
| Techniker/Zeichner | 3.096 | 4.982 | + 60,9 |
| Laborant/Schreibkraft | 3.784 | 5.076 | + 34,1 |
| Pädagoge | 4.128 | 4.082 | ± 0,0 |

gaben, bezogen auf die Kosten der technischen Sanierung in Höhe von DM netto rd. 28,9 Mio. einen Satz von 8,7 % (vgl. Tabelle 7).

Nimmt man die soziale Betreuung, die sicherlich bei bewohnten Altlasten notwendig wird, und die gutachterliche Betreuung hinzu, ist auch unter Berücksichtigung der weiter verschärften Auflagen der Tiefbau-Berufsgenossenschaften ein Satz von 10 bis 12% bei gleichartigen Fällen angemessen.

## 3. Fallbeispiel 2: Sanierung einer bewohnten Altlast im Ruhrgebiet 1991–1993

Bei der Altlastensanierungsmaßnahme handelt es sich wiederum um eine bewohnte Altlast. Damit konnten die Erfahrungen der Sanierung Essen herangezogen werden. Zudem war mit der bereits eingeführten HOAI aus dem Jahre 1991, wie beschrieben, eine wesentliche Verbesserung für die Vertragsgestaltung eingetreten.

Für die planerischen Leistungen gemäß § 55 der HOAI wurde die Honorarzone IV, Mittelsatz, angesetzt. Nach den Erfahrungen von Essen war zudem zu berücksichtigen, daß bedingt durch die vorhandene Wohnbebauung mit einem erhöhten Aufwand zu rechnen war.

Hier seien in Anlehnung an Dannemann [2] nur einige Dinge stellvertretend genannt:

- Koordination Versorgungsträger,
- Bearbeitung von Siedlersonderbauvorhaben,
- Teilnahme an Verhandlungen zwischen Stadt und Siedlern,
- Wertermittlungsgutachten/Entschädigungen für Außenanlagen bearbeiten,

**Tabelle 7.** Nachkalkulation, Aufwandszusammenstellung

| | Fallbeispiel 1 | Fallbeispiel 2 |
|---|---|---|
| Anrechenbare Kosten | 28,2 Mio. | 9,0 Mio. / 10,0 Mio. |
| Aufwand in DM | | |
| Planung | 761.000,00 DM | 449.000,00 DM |
| Bauüberwachung | 1.508.000,00 DM | 389.000,00 DM |
| Nebenkosten | 180.000,00 DM | 41.000,00 DM |
| Gutachterliche Leistungen | 165.000,00 DM | 50.000,00 DM |
| Aufwand in Prozent | | |
| Planung | 2,70 % | 5,00 % |
| Bauüberwachung | 5,35 % | 3,89 % |
| Nebenkosten | 0,64 % | 0,46 % |
| Gutachterliche Leistungen | 0,59 % | 0,55 % |
| Gesamtaufwand in Prozent | 9,30 % | 9,90 % |

- Bewertung baulicher Anlagen unter Berücksichtigung der Regeln der Technik,
- Schadensbearbeitung/Aufnahme der Beschwerden der Siedler,
- Bearbeitung von Sonderwünschen der Siedler (z. B. Umgestaltung von Wegen, Einrichtung zusätzlicher Parkplätze etc.).

Um die Mehrleistungen gemäß HOAI abrechnen zu können, wurde der § 59, Absatz 1 der HOAI herangezogen, der für Umbauten einen Zuschlag von 20-33 % zuläßt. Im vorliegenden Falle wurden 20 % gewählt. Den generellen Aufbau der Honorarermittlung für die Leistungsphasen 1–6 zeigt Tabelle 8.

Für die örtliche Bauüberwachung ist zunächst wiederum der erforderliche geplante Personaleinsatz vor Ort abgeschätzt worden (vgl. Tabelle 9).

Für die einzelnen Personen wurden nach den Erfahrungen von Essen auch anteilige Überstunden berücksichtigt. Der prozentuale Aufschlag beträgt für die beiden Ingenieure der Bauüberwachung jeweils 25 %. Im Vertrag wurde eine Honorarabrechnung auf Nachweis vereinbart. Als Basis für den Monat ist eine Stundenzahl von 160 h festgelegt worden. Die Vertragsgestaltung zeigt Tabelle 10.

Die gutachterliche Betreuung wurde pauschaliert. Für die Abrechnung sind auf der Baustelle tägliche Stundennachweise geführt worden Die Nachkalkulation des Aufwands zeigt, daß die kalkulierten Stunden etwa erreicht werden. Mehrleistungen sind im wesentlichen durch einen etwas erhöhten Leistungsumfang bedingt. Stellt man die Honorare den anrechenbaren Kosten der Baumaßnahme gegenüber, so ergibt sich für die örtliche Bauüberwachung ein Aufwand von ca. 4 %. Einschließlich der Kosten für die planerischen, gutachter-

**Tabelle 8.** Auszug aus dem Ingenieurvertrag für die Leistungsphasen 16

*Honorarermittlung*

Als Grundlage gilt das Leistungsbild gemäß § 55 der HOAI in der Fassung vom 01.01.1991
Honorarermittlung nach der Honorartafel zu § 56, Abs. 1
Geschätzte anrechenbare Kosten DM 9,0 Mio (Abrechnung nach endgültiger Kostenfeststellung entsprechend § 52, Abs. 2, Punkt 2)
Honorarzone IV, Mittelsatz DM 445.010,00
Leistungsbild gemäß HOAI § 55

| | | |
|---|---|---|
| 1. Grundlagenermittlung | 1 % | |
| 2. Vorplanung | 13 % | |
| 3. Entwurfsplanung | 29 % | |
| 4. Genehmigungsplanung | 4 % | |
| 5. Ausführungsplanung | 14 % | |
| 6. Vorbereitung der Vergabe | 7 % | |
| | 68 % | 302.606,80 DM |
| Zuschlag gemäß HOAI § 59, Abs. 1 für Umbauten bei Ingenieurbauwerken pauschal 20% | | 60.521,36 DM |
| | | 363.128,16 DM |
| Nebenkosten pauschal 6% | | 21.787,69 DM |
| Gesamtsumme netto | | 384.915,85 DM |
| + 14% MWSt | | 53.888,22 DM |
| Gesamtsumme brutto | | 438.804,07 DM |

**Tabelle 9.** Fallbeispiel 2: geplanter Personaleinsatz

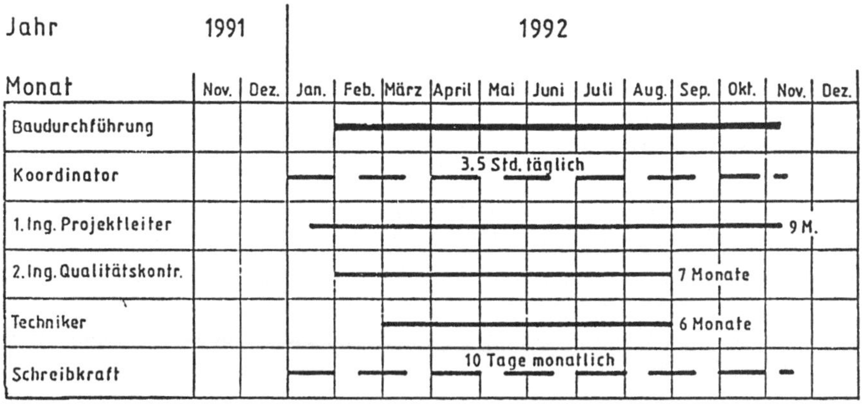

| Jahr | 1991 | | 1992 | | | | | | | | | | | |
|---|---|---|---|---|---|---|---|---|---|---|---|---|---|---|
| Monat | Nov. | Dez. | Jan. | Feb. | März | April | Mai | Juni | Juli | Aug. | Sep. | Okt. | Nov. | Dez. |
| Baudurchführung | | | | | | | | | | | | | | |
| Koordinator | | | | | | 3.5 Std. täglich | | | | | | | | |
| 1. Ing. Projektleiter | | | | | | | | | | | | | 9 M. | |
| 2. Ing. Qualitätskontr. | | | | | | | | | | | 7 Monate | | | |
| Techniker | | | | | | | | | | | 6 Monate | | | |
| Schreibkraft | | | | | | 10 Tage monatlich | | | | | | | | |

**Tabelle 10.** Auszug aus dem Ingenieurvertrag für die örtliche Bauüberwachung

Aufstellung der beauftragten Stundensätze gemäß § 57, Abs. 3 HOAI
für die örtliche Bauüberwachung

*1. Ing.-Projektleiter*

Stundensatz 103,12 DM
geschätzte Einsatzzeit 9 Monate à 160 h/Monat = 1.440 h

| | |
|---|---|
| 1.440 h × 103,12 DM/h = | 148.429,80 DM |
| Überstunden geschätzt = 480 h | |
| 480 h × (103,12 + (103,12 × 0,25)) = | 210.301,80 DM |

*2. Ing. Qualitätskontrolle*

Stundensatz 93,75 DM
geschätzte Einsatzzeit 5 Monate à 160 h/Monat = 800 h

| | |
|---|---|
| 800 h × 93,75 DM/h = | 75.000,00 DM |
| Überstunden geschätzt = 240 h | |
| 240 h × (94,75 + (94,75 × 0,25)) = | 103.125,00 DM |

*Techniker*

Stundensatz 75,00 DM
geschätzte Einsatzzeit 5 Monate à 160 h/Monat = 800 h

| | |
|---|---|
| 800 h × 75,00 DM = | 60.000,00 DM |

*Schreibkraft*

Stundensatz 65,63 DM
geschätzte Einsatzzeit 1,5 Monate à 160 h/Monat = 240 h

| | |
|---|---|
| 240 h × 65,63 DM = | 15.750,00 DM |

lichen und besonderen Leistungen, ergibt sich ein Gesamtaufwand der technischen Bearbeitung von ca. 10 % der anrechenbaren Kosten.

## 4. Zusammenfassung

Es wird die Vorgehensweise zur Honorarfindung für Ingenieurleistungen bei der Altlastensanierung vorgestellt. Neben der allgemeinen Einordnung der Maßnahmen in die Leistungen der HOAI sowie einer Beschreibung der Entwicklung der HOAI im Hinblick auf die Altlastensanierung werden grundsätzliche Ansätze zur Honorarfindung an 2 Fallbeispielen erläutert. Wie aufgezeigt, ist es möglich, die Honorare für die Planungsleistungen nach HOAI zu ermitteln. Für die örtliche Bauüberwachung ist zu empfehlen, parallel zu einer möglichen Pauschalierung der Leistungen das dafür notwendige Personal im Vertrag zu vereinbaren, um die im Zuge von Altlastensanierungen wahrscheinlichen Änderungen im Leistungsumfang besser erfassen zu können.

Zudem wird nur durch die vertraglich anerkannte Honorierung von Überstunden die bei solchen Baustellen erforderliche Qualität erreicht. Während bei sonstigen Baustellen sicherlich *im Mittel* eine Anwesenheit in der Kernzeit (8-Stunden-Tag) ausreichen wird, kann dies für Maßnahmen im Zuge von Altlastsanierungen besonders bei bereits bewohnten Standorten nicht gelten.

Der hier für die örtliche Bauüberwachung in bezug auf die anrechenbaren Kosten ermittelte Prozentsatz von 45 % ist zwar nur erster Anhalt und kann unseres Erachtens nicht für alle Baumaßnahmen gelten, er zeigt jedoch die grundsätzliche Tendenz. Es wäre zu wünschen, daß durch weitere Fallbeispiele eine Verdichtung der Praxiserfahrungen eintritt und die Abschätzung der Honorare für alle Beteiligten weiter verbessert werden kann.

## Literatur


1. Barkowski D et. al. (1993) Altlasten. Handbuch zur Ermittlung und Abwehr von Gefahren durch kontaminierte Standorte
2. Dannemann H: Erdbaulaboratorium Ahlenberg. Dokumentation Altenbergsiedlung Essen-Borbeck, Sanierung einer bewohnten Altlast

# Das Magazin...

- behandelt alle mit Energie und Umwelttechnik zusammenhängenden Fragen,
- berichtet detailliert über neue Geräte, Verfahren sowie Anlagen,
- informiert über neue Entwicklungen und Trends.

**Der BONNER UMWELT & ENERGIE-REPORT – das kompetente «Nutzwert» - Magazin für Wirtschaft, Industrie und Kommunen mit Analysen und Hintergrundberichterstattung**

**BONNER UMWELT & ENERGIE-REPORT** Verlags GmbH
Hans-Böckler-Straße 19, 53225 Bonn, Tel.: (02 28) 47 00 36-39, Fax: (02 28) 46 90 01

# GEOPLAN

GEOPLAN · DR. SPANG · INGENIEURGESELLSCHAFT FÜR BAUWESEN, GEOLOGIE UND UMWELTTECHNIK MBH

Westfalenstraße 5- 9
58455 Witten

Telefon: 02302/8 56 43
Telefax: 02302/8 26 64

---

| | |
|---|---|
| o Ansprechpartner: | Herr Dr. rer. nat. R. M. Spang;<br>Herr Dipl.-Geol. G. von Zezschwitz |
| o Beschäftigte: | 15 |
| o Unternehmensgründung: | 1980 |

---

| | |
|---|---|
| o Fachgebiete/Tätigkeitsfelder | Erkundung von Altstandorten/Altablagerungen, Gefährdungsabschätzungen, Sanierungsuntersuchungen, Erstellen von Sanierungskonzepten, sanierungsbegleitende Überwachung |
| o Besondere Erfahrung in den Branchen | Hüttenwerke, Gaswerke, Zechengelände, Chemische Großindustrie, Druckereien, Maschinenfabriken, Galvaniken, kommunale und industrielle Altablagerungen |
| o Eigene Ausstattung | Rammkernsondierungen, Schlitzsondierungen, Rammsondierungen, Probennahme-Ausrüstung für Boden, Bodenluft und Grundwasser, Luftbildauswerte-Geräte |
| o Fahrzeugpark | Transporter; Pkw's |
| o Personelle Qualifikationsmerkmale | Diplom-Ingenieure, Ingenieurgeologen, Hydrogeologen |
| o Referenzen/Bemerkungen | Internationale Planungs- und Gutachtertätigkeit im Spezialtiefbau, im Tunnel-, Erd- und Felsbau; Baugrunduntersuchungen, Erstellung von Gründungsgutachten; Gerichtsgutachten. |

# Springer-Verlag und Umwelt

Als internationaler wissenschaftlicher Verlag sind wir uns unserer besonderen Verpflichtung der Umwelt gegenüber bewußt und beziehen umweltorientierte Grundsätze in Unternehmensentscheidungen mit ein.

Von unseren Geschäftspartnern (Druckereien, Papierfabriken, Verpackungsherstellern usw.) verlangen wir, daß sie sowohl beim Herstellungsprozeß selbst als auch beim Einsatz der zur Verwendung kommenden Materialien ökologische Gesichtspunkte berücksichtigen.

Das für dieses Buch verwendete Papier ist aus chlorfrei bzw. chlorarm hergestelltem Zellstoff gefertigt und im pH-Wert neutral.